U0755027

高辣辣椒
保鲜与加工技术

编　　著：吴立东

参编人员：张　锐　林淑婷　林启昉　邱胤晖　曾绍贵

　　　　　李永清　尚　伟　蔡新民　韦新宇　华树妹

　　　　　陈国钰　王火珠　徐　磊　柳洪入　刘亚婷

　　　　　钟柳青　吴木兰　廖承树　庄　洁　张嘉慧

编写单位：三明市农业科学研究院

　　　　　福建省农产品加工推广总站

　　　　　上海市农业科学院

　　　　　福建省三明市农业学校

海峡出版发行集团 | 福建科学技术出版社
THE STRAITS PUBLISHING & DISTRIBUTING GROUP | FUJIAN SCIENCE & TECHNOLOGY PUBLISHING HOUSE

图书在版编目（CIP）数据

高辣辣椒保鲜与加工技术 / 吴立东编著. —— 福州：
福建科学技术出版社, 2024.12. —— ISBN 978-7-5335-
7452-9

Ⅰ. S641.3

中国国家版本馆CIP数据核字第2024UF7998号

出 版 人　郭　武
责任编辑　李景文
编辑助理　黎造宇
装帧设计　余景雯
责任校对　林锦春

高辣辣椒保鲜与加工技术

编　　著　吴立东
出版发行　福建科学技术出版社
社　　址　福州市东水路76号（邮编350001）
网　　址　www.fjstp.com
经　　销　福建新华发行（集团）有限责任公司
印　　刷　福州印团网印刷有限公司
开　　本　700毫米×1000毫米　1／16
印　　张　13.25
字　　数　210千字
版　　次　2024年12月第1版
印　　次　2024年12月第1次印刷
书　　号　ISBN 978-7-5335-7452-9
定　　价　48.00元

PREFACE | 前言

近年来，随着福建省高辣辣椒外销规模的不断扩大，以及沙县小吃、永安小吃、福鼎小吃等地方特色小吃在全国的蓬勃发展，在闽西、闽西北、闽北及闽东山区已经孵化出一条完整的辣椒加工产业链，催生出一大批辣椒专业种植合作社和"沙县官仔""沙县辣倒神""沙县老潘头""永安燕吉鸿""永安明燕""永安陶洋""宁化闽娇""政和政东""柘荣融盛""福安闽东""龙岩冠龙"等本土辣椒加工企业，形成了高辣辣椒产业区位优势，其中以三明市宁化、大田、清流，龙岩市长汀、上杭、武平，宁德市古田为中心的辐射区主要以制干为主，产品主要销往湖北、贵州、重庆、四川、湖南等地，主要用于卤制品加工；以三明市沙县、永安、将乐、尤溪，南平市政和、浦城、建阳、邵武，宁德市福鼎、福安、柘荣、屏南为中心的辐射区主要以制酱为主，产品主要销往沙县小吃、永安小吃、福鼎小吃等特色小吃产业，主要用于鲜食调味和制作辣椒酱。

目前，福建省年种植高辣辣椒面积在 3300hm^2 以上，年产鲜椒 6 万～10 万 t，加工辣椒 5 万 t 以上，产值达 6 亿元以上。高辣辣椒的生产与加工已经成为福建省部分山区区域性支柱产业和农民致富的经济支柱。然而，高辣辣椒上市时间较集中，生产的季节性与消费的周年性之间的矛盾较为突出，旺季时供过于求，淡季时供不应求，为此高辣辣椒的保鲜与加工就变得更加重要。为更好地推广高辣辣椒新品种，推动高辣辣椒产业发展，助力乡村振兴，我们组织团队编著了这本《高辣辣椒保鲜与加工技术》。全书涵盖了高辣辣椒新品种、保鲜技术、干燥技术和加工技术等，以期为高辣辣椒的采后保鲜与产品加工提供参考。

本书编写得到了中央引导地方科技发展专项"加工型朝天椒种质资源创新及产业化开发"（2021L3043）、福建省科技创新平台"茄果类蔬菜产业技术研究院"（2018N2003）、福建省现代农业蔬菜产业技术体系（2060302）等项目的资助。本书引用部分专家、学者的研究成果及相关书籍资料，得到同仁们的大力支持，谨在此对提供帮助的人员表示衷心的感谢！

本书所含的技术内容为团队部分研究成果，仅供参考。作者学识有限，书中难免有不足和疏漏之处，敬请专家、同仁和读者批评指正。书中图片少数来源于网络，因条件限制，未能找到来源和进行标注，敬请原作者及时与我们联系。

CONTENTS | 目录

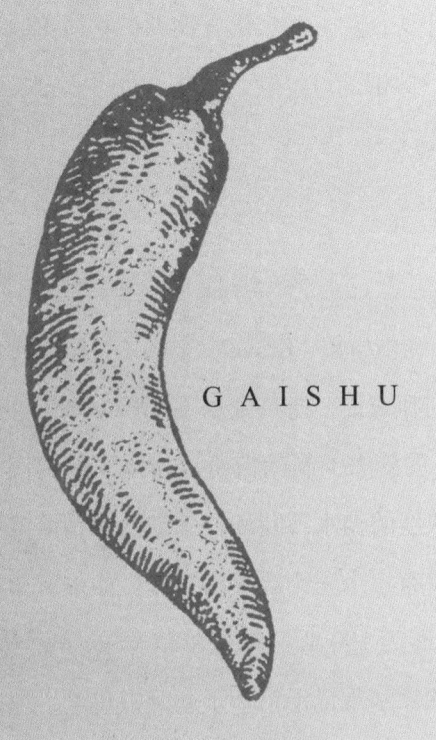

GAISHU 一、概述

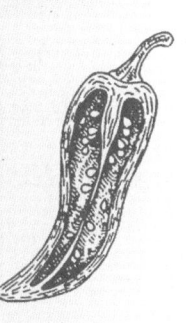

（一）辣椒文化与饮食

辣椒（*Capsicum annuum* L.）又名番椒、海椒、辣子、辣角、辣茄等，属茄科（Solanaceae）辣椒属（*Capsicum*），常异花授粉作物。辣椒营养丰富，含有大量的辣椒素、辣椒红素、β－胡萝卜素、碳水化合物、矿物质等，尤其以维生素 C 含量高居各类蔬菜榜首。辣椒既可鲜食、调味，也可入药，具有重要的经济价值和食疗保健作用。

1. 辣椒的辣味

（1）辣椒的辣度单位

国际通用的辛辣测量指标，即斯科维尔指数（Scoville Scale），是对辣度的量化表达。这种测量方法是美国药剂师威伯·斯科维尔（Wilbur Scoville）于 1912 年发明的，具体方法是将一定重量的干制辣椒研成粉末，使其溶于酒精（辣椒素可溶于酒精），以固定浓度的糖水不断稀释辣椒的酒精溶液，直到五个经过特定训练的受试者中至少有三个完全尝不出辣味。如果所用的糖水重量与干制辣椒重量相等，那么即为 100 斯科维尔单位（Scoville Heat Units，以下缩写为 SHU），如果所用的糖水重量十倍于干制辣椒重量，那么即为 1000SHU。斯科维尔数属于主观测试法，有可能因为受试者的敏感度不同而不能得出精确的结果。不过斯科维尔指数虽然有主观因素干扰，但其指数也相当可靠，与此后的完全客观测量法所得出的结果相差极小，在饮食文化研究的语境下，这种细微的差距并不足以影响研究的有效性。

1980 年开始，美国香料贸易协会采用了一种更为精确的测定辣椒素的方法，即高效液相色谱法。这种方法能够完全排除主观因素的干扰，从而得出更精确的辣椒素含量，这种测量方法得出的指数叫美国香料贸易协会辛辣指标（American Spice Trade Association Pungency Units），此指标的 1 单位约等于 16 斯科维尔单位，因此可以相互换算。但是这一方法较为复杂，测试的成本也比较高，国际范围内并不普及，因此现在国际通用的测量方法仍是斯科维尔指数。

（2）辣椒的辣味

辣椒辣味由果实中辣椒素类物质含量所决定。其中，辣椒素和二氢辣椒素的含量占辣椒素类物质含量的 90% 以上。辣椒果实中最辣的部分是胎座和隔膜组织，其次是果实的下半部分，种子最低。

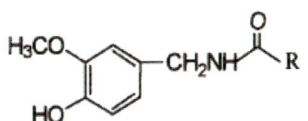

图 1-2　辣椒素类物质化学结构通式

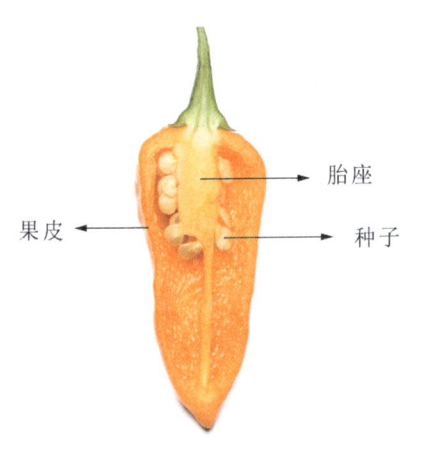

图 1-1　辣椒剖面图

图 1-3　辣椒素

辣椒素类物质又称天然辣椒素（Capsaicinoids），化学结构通式 $H_3CO（HO）-C_6H_3-CH_2-NH-CO-R$，是由一系列同类物组成，现已发现有 19 种类似物，主要由 69% 辣椒素（capsaicin）、22% 二氢辣椒素（dihydrocapsaicin）、7% 降二氢辣椒素（nordi-hydrocapsaicin）、1% 高二氢辣椒素（homodihydrocapsaicin）、1% 高辣椒素（homocapsaicin）组成，它们都有共同的一部分结构，最早由 Thresh 于 1876 年从辣椒中提取出来，是辣椒中呈辣味的物质。其中，辣椒素又称辣椒碱或辣素，化学名称为反 -8- 甲基 -N- 香草基 -6- 壬烯基酰胺，化学式为 $C_{18}H_{27}NO_3$，是辣椒中极度辛辣的香草酰胺类生物碱，是一种斥水亲脂、无色无嗅的结晶或蜡状化合物。

表1-1 辣椒素类物质

序号	辣椒素类物质	缩写	结构式	斯科维尔指数（SHU）	含量
1	辣椒素	C	$-(CH_2)_4-CH=CH-CH(CH_3)_2$	16000000	69%
2	二氢辣椒素	DHC	$-(CH_2)_6CH-(CH_3)_2$	16000000	22%
3	降二氢辣椒素	NDHC	$-(CH_2)_{34}-CH=CH-CH(CH_3)_2$	9100000	7%
4	高二氢辣椒素	HDHC	$-(CH_2)_5-CH=CH-CH(CH_3)_2$	8600000	1%
5	高辣椒素	HC	$-(CH_2)_7-CH(CH_3)_2$	8600000	1%

行业标准《辣椒辣度感官分级及质量评价》中对辣椒辣度进行感官分级，分为无辣、微辣、低辣、中辣、高辣和超高辣6个级别，它们相对应的辣椒素含量见下表。

表1-2 辣椒辣度感官分级

序号	感官分级	辣度（度）	斯科维尔指数（SHU）	辣椒素类物质含量（g/kg）
1	无辣	6.67	< 1000	< 0.065
2	微辣	6.67 ~ 33.33	1000 ~ 5000	0.065 ~ 0.324
3	低辣	33.33 ~ 66.67	5000 ~ 10000	0.324 ~ 0.649
4	中辣	66.67 ~ 333.33	10000 ~ 50000	0.649 ~ 3.243
5	高辣	333.33 ~ 2000	50000 ~ 300000	3.243 ~ 19.455
6	超辣	2000	> 300000	> 19.455

表1-3　世界十大最辣辣椒

品种名称	英文名称	辣度（SHU）	来源	图片
辣椒X	Chilli X	318万SHU	由美国人艾德·卡瑞研发，2017年9月据英国《每日邮报》报道，辣椒X超越卡罗来纳死神辣椒，打破吉尼斯世界最辣辣椒纪录，可以说是辣椒中的核武器。食用这种级别的辣椒可以让人的免疫系统超速运行，身体体验到极度的热度，其辣度生吃可能致命	
龙息辣椒	Dragon's Breath chilli	248万SHU	由英国诺丁汉大学的研究人员和农民麦克·史密斯共同研发。龙息就是龙的呼吸，寓意其火辣程度堪比火龙喷出的龙息，据说，舔一下就足以让人的舌头感到麻木，要是吞下一颗这种辣椒，很有可能会因过敏性休克而死亡	
卡罗来纳死神	Carolina Reaper	220万SHU	由美国人艾德·卡瑞培育出的一种超级辣椒，最初命名为"HP22BNH"，是著名的魔鬼辣椒和红色哈巴内罗辣椒杂交的产物。不仅辣，而且有非常浓的水果味	
特立尼达摩鲁加蝎子椒	Trinidad Moruga Scorpion	200万SHU	北美洲的特立尼达和多巴哥土生土长的本地品种，又名摩鲁加蝎子，是一种稀有的辣椒。一旦吃了一口这种令人生畏的辣椒，热浪就永不停止。这辣椒尾巴上没有"刺"，但千万别小看它，摩鲁加蝎子和卡罗来纳死神一样辣	
特立尼达蝎子布奇T辣椒	Trinidad Scorpion Butch T	146万SHU	由澳大利亚人马塞尔·德威特培育而成，是特立尼达摩鲁加蝎子的一个衍生种。外表呈亮红色，大小如1元澳大利亚硬币，同样拥有如同蝎子一般的尖刺。前任吉尼斯世界纪录最辣的辣椒保持者之一	
那伽毒蛇	Naga Viper	155万SHU	由英国人福勒将印度鬼椒和其他两种辣椒品种"娜迦默里奇"和"泰国蝎子"杂交培育而成，能够让人泪如泉涌，喉咙犹如火烧，鼻涕流个不停。曾获评世界上辣度最高的辣椒并入选《吉尼斯世界纪录大全》，其纪录已被其他辣椒打破	

续表

品种名称	英文名称	辣度（SHU）	来源	图片
印度魔鬼辣椒	Indian devil pepper	104 万SHU	又称"断魂椒"，产于印度东北部阿萨姆邦山区，是最著名的"超级辣"，曾在 2007 年吉尼斯评选中被认定为世界上最辣的辣椒品种，随着新品种新技术的出现，这个纪录也就被打破了	
哈瓦那辣椒	Habanero	50 万SHU	源自亚马逊河流域，之后扩展至墨西哥地区，也叫红色杀手辣椒、墨西哥魔鬼椒，是传统黄灯笼辣椒的一个栽培变种。曾在 1994 年吉尼斯评选中被认定为世界上最辣的辣椒品种，直至 2007 年 2 月哈瓦那辣椒最辣辣椒的地位被印度魔鬼辣椒取代	
云南涮涮辣	Yunnan Shabu Shabu	44.4 万SHU	野生小米辣的一个变种，产于我国云南德宏等地区。其颜色鲜艳，闻之辣味扑鼻，只要在锅中涮一下就会很辣，因此而得名。此外，由于与缅甸接壤处的大象不小心用鼻子碰到它而狂奔不止，也叫象鼻辣	
海南黄灯笼	Hainan yellow lantern	15 万SHU	是我国海南省的一个地方品种，为海南岛所独有，因色泽金黄，形似灯笼，又被称为"海南黄灯笼辣椒"，主要分布于海南岛东南、西南沿海地区	

（3）产生辣觉的原理

辣椒是以辛辣成为调味料，但是我们常说的辣味其实并非一种味觉，而是一种痛觉，这就是为什么人类身体没有味蕾的部位仍然能感觉到"辣"，人的舌头能够感受到的味道只有酸、甜、苦、咸四种，辣觉实际上并不是味蕾所感受到的味觉，而是舌头、口腔的神经末梢受到刺激而产生的灼热感。人在摄食含有辣椒素的食物时，辣椒素通过激活口腔和咽喉部位的痛觉受体（TRPV-1），通过神经传递将信号送入中枢神经系统。通过神经反射，导致心率上升、呼吸加速、分泌体液，同时，大脑释放内啡肽，使人产生愉悦感。内啡肽是可与脑内吗啡受体发生特异的结合反应，而产生类似吗啡作用的多

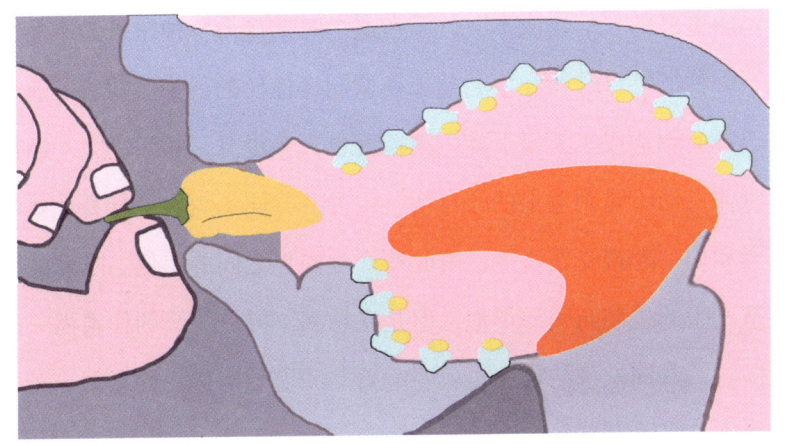

图 1-4 辣椒素分子与口腔黏膜的受体相结合

种内生肽，有镇痛和产生快感的效果。在人体受到伤痛刺激，或者遭遇危险（如缺氧）时，脑内就会释放内啡肽以对抗疼痛，并使人放松愉悦。辣椒素沾到皮肤上，会使微血管扩张，导致局部皮肤发红发热加速代谢率，只要神经能够感受到的地方，就能感受到辣。此外，虽然人、猫和狗不能忍受很辣的食物，然而鸟却不同，辣椒辣不辣似乎对鸟没什么影响，科学家证实鸟的神经元受体和其他动物是不一样的。鸟的胃也和其他动物的结构不同，植物种子在进行消化后并没有损伤侵蚀，这样就能传播植物种子。鸟能够承受这种对我们人类及其他动物来说很辣的膳食。

良性自虐机制（benign masochism）可以用于解释人为什么热衷于吃辣椒，辣椒使人产生痛觉，从而欺骗大脑释放内啡肽，但又不会使人处于实际的危险当中。这种机制与人热衷于乘坐过山车，或跳楼机，或长跑（缺氧），或看恐怖电影的机制是相同的，都是欺骗大脑释放内啡肽而产生愉悦感的行为，又并不处于真正的危险当中，因此称为良性自虐。

人类吃辣的行为与饮酒的行为有类似之处，都是通过对自我的伤害来获得同伴信任的一种社交行为。学界对饮酒行为带来信任的解释是由于人类从血缘社会过渡到地缘社会时，遇见陌生人的概率大大提高，因此相互之间的交往要付出更高的"信任成本"，酒在这个时期作为一种昂贵的产品，劝酒就变成了一种牺牲自己的经济利益来换取同伴信任的行为。随着工业化时代的来临，酒的制造成本大幅下降，酒精度也大幅提升，相互之间劝酒就变成了一种身体上而不是利益上的"自伤"行为，共同喝酒这一行为也就隐喻着"我愿意和你一起接受伤害"，由此而产生同伴之间的信任。吃辣的行为和信任关系产生的机制与喝酒类似，但是吃辣并不导致持续的伤害而只是产生临时的痛觉，共同吃辣的行为也就隐喻着"我愿意与你一同忍耐痛苦"，这种共情造成了信任的产生。

吃辣的行为还有一种炫耀忍耐痛苦能力的意义，在这层意义上，文身也有相似的作用。吃辣比赛实际上是较量忍耐疼痛的能力，而夸耀这种能力实际上是通过展示忍受疼痛的能力从而证明自己在身体对抗上占优势。习武之人在比试以前往往向对方展示文身，表达的是"我在忍受痛觉上要比你更胜一筹"。俗话说，未学打架先学挨打，能够忍受痛苦显然要在比武的时候获得更大的优势。吃辣也是一种忍受痛觉的能力，这也是一种可以经过锻炼来培养的能力。一般来说，某人在长期吃辣以后，对辣造成的痛觉的忍耐能力会增强，也就是变得对痛觉较不敏感；反过来说，某人如果长期不吃辣，那么对辣的忍耐能力则会下降。因此吃辣也有着向同伴们展示自己有着更强的忍痛能力，而在身体较量中更占优势的意味。

虽然辛辣并不是味觉，但由于人们长期习惯于称呼辛辣的刺激感为"辣味"，本书中亦沿用这一习惯性表述，读者们在阅读本书时可以将"辣味"视为一个词组，表达的意思是"进食辛辣食物带来的感官刺激"。英文中的Pungency 一词用于形容辛辣食物的特质，与中文中"辣味"的意义相近，但没有味觉的意思。这一表述通常只在学界使用，英语日常用语中形容辛辣食物特质常用 Hot（热的）或 Spicy（富有香料味的）。常见的调味品中具有广义上的辣味不仅仅有辣椒，还有姜、胡椒等调味品，本书讨论的对象是辣椒以及其作为调味料的辛辣特质，即来自辣椒的 Pungency。

（4）减轻辣觉的方法

辣椒素是一种易溶于脂质且难溶于水的化学物质，所以吃了辣椒以后，喝水是无法减轻辣觉的，而是要通过食用富含油脂的食物，使辣椒素溶解于其中，减少辣椒素与感觉神经元的接触，从而降低灼热感，比如可以饮用牛奶、果汁或者食用含奶量高的甜食来减轻辣觉。如果辣椒沾到手上，可以通过采取涂抹酒精溶解手上的辣椒素，再用清水洗手，如此三遍即可；还可以使用少量食醋洗手，酸性的食醋会和辣椒碱中和，减轻辣的感觉；也可以用热水洗手，辣椒碱在高温下会发生刺激性蒸发，虽然不及酒精和食醋，但是效果比冷水要好。

2. 辣椒的起源

关于辣椒的起源众说纷纭，但在学术界多数人认为辣椒起源于玻利维亚中南部半干旱地区，最初原始野生种为多年生草本植物，并不像我们现在看到的一年生植物。野生辣椒的利用可追溯到 7500 ~ 8000 年以前，早期依靠鸟类传播种子，因为鸟类不怕辣，食用辣椒后，通过粪便把辣椒传播到南美洲、中美洲，再到北美洲西南部，在不同生态区进化产生 10 多个栽培种的近缘野生种和约 20 个非近缘野生种。辣椒栽培种由共同祖先 *Capsicum chacoense* 进化而来，紫花祖先迁移到安第斯高地，进化产生了绒毛辣椒（*Capsicum pubescens*）；白花祖先迁移到玻利维亚南部相对干燥的地区进化产生下垂辣椒（*Capsicum baccatum*），继续迁移到潮湿的亚马孙盆地，进化产生了一年生辣椒、灌木辣椒和中国辣椒的共同祖先。共同祖先继续向外迁移，在墨西哥和中美洲北部进化产生了一年生辣椒，在加勒比地区进化产生了灌木辣椒，在亚马孙河流域北部谷地进化产生了中国辣椒。辣椒的驯化是将野生种从原产地移出进行人工栽培开始，将易脱落、果实小、色泽单一、果实朝上的野生种，改变成不易脱落、果实朝下、肥大化及形状、颜色多样化、经济效益好的栽培种。一年生辣椒在墨西哥和中美洲最早进化，已有6000多年的栽培历史，其他4个栽培种至少有4000年的栽培历史，是美洲最古老的栽培植物之一。辣椒是南美洲最早被驯化的作物之一，在6000年前，南美洲厄瓜多尔人驯化了辣椒，人们才开始食用，并成为商品进行交易。

3. 辣椒在世界的传播

鸟类把野生辣椒向美洲传播的同时，人类活动传播的力量更大。17世纪初，西班牙探险家把辣椒大规模引进到现在的美国，其他冒险家也在同期把辣椒引入给位于现在美国新墨西哥州的印第安人，印第安人和西班牙人开始在现在美国的南部大面积种植，并风靡当地。17世纪后，辣椒迅速传播到现在美国南部的其他州。辣椒离开自己家乡后，第一次在北美洲得到研究和推广，19世纪初，美国植物学家选育出的4个辣椒品种在市场上非常流行。

辣椒在中美洲和北美南部普遍种植的时候，欧洲人还在绞尽脑汁去东方印度寻找自己的东方财富，比如黄金、香料、丝绸等。他们对辣椒一无所知。奥斯曼帝国崛起后，去印度的航线被切断，1492年，探险家哥伦布另寻去印度的路线，他们航行到加勒比地区，以为到了印度，对自己梦寐以求的香料等一无所知，却发现了颜色鲜艳的辣椒，其味道和西方的胡椒味道相似，所以称为辣椒。1493年，他们再次航行到中美洲时，把辣椒带回到西班牙。西班牙人不像南美洲人那样食用辣椒，而是作为一种观赏植物。后来西班牙一个修道士通过实验，发现辣椒的食用价值，可以作为黑胡椒的替代品。当时黑胡椒可以用来付租金和纳税，被誉为黑色货币，只有皇家贵族才能消费得起，老百姓对其只是一种奢望。辣椒种植简单，抗病性强，在贫瘠土地也能种植，价格低廉，受到平民阶层的青睐，成为黑胡椒的替代品。

虽然哥伦布发现新世界，并将辣椒带到西班牙，但葡萄牙人把辣椒带到了旧世界。威尼斯为当时欧洲贸易中心，通过威尼斯商人，辣椒被介绍到欧洲。印度和东非为葡萄牙的殖民地，葡萄牙人从西班牙人那得到辣椒，在印度种植，辣椒使印度餐得到革命性的变化。通过葡萄牙人，辣椒从印度通过中亚、土耳其也传到匈牙利，匈牙利人把辣椒作为国用调料。葡萄牙人也一度试图征服泰国，但信奉基督教的葡萄牙人没能征服信奉佛教的泰国，但是辣椒征服了当地人的饮食习惯，辣椒成为泰国人的必需品。16世纪墨西哥人把辣椒带到东南亚的西班牙殖民地，辣椒迅速传到菲律宾、印度尼西亚、朝鲜和日本。

在中世纪末期，英国商人从美洲带回了辣椒品种，并从美洲进口辣椒，有一种非常小、但非常辣的辣椒，英国人在当地制成辣椒干，运回英国。英国的植物学家对辣椒的药用价值也做了一定研究，他们发现辣椒可以帮助消化、缓解牙痛、利尿、并缓解肾结石。

4. 辣椒在中国的传播

最早传入中国的辣椒是一年生辣椒，于16世纪80年代从日本传到浙江，然后以浙江为起点，向南、西、北3个方向传播，形成有趣的、具有中国特色的辣椒传播路径和消费区域分布。首先，辣椒向北传播通过江苏传到山东，当地老百姓误把辣椒当作产于秦地的一种新的质量好的花椒，并以秦椒的名称替代花椒作调味品向华北地区其他省份传播，接着通过华北地区向东北、西北传播，形成华北、东北、西北微辣区，该区包括北京、天津、山东、河北、山西、河南、内蒙古、辽宁、吉林、黑龙江、陕北关中地区、甘肃大部、宁夏、青海、新疆等地。这是中国最早形成的辣椒传播路线，称之为华北路线。

辣椒沿长江往西传播，安徽、江西、湖北没有马上接受，但湖南人不仅接受了辣椒，并向周边省份传播，贵州、四川、云南、广东、广西的辣椒就是从湖南传过去的，江西、湖北辣椒的传播也受湖南影响，使湖南成为中国影响最大的辣椒传播中心，形成长江中上游的嗜辣区，此区包括湖南、湖北、江西、贵州、云南、四川、重庆、陕西南部等地区。这是中国影响最大的辣椒传播路线，称之为长江路线。

与前面两条传播路线不同，向南传播的速度非常缓慢，1750年才传到江西，1757年传到福建。福建、广东、广西等沿海地区基本上不接受辣椒，加上江苏、上海、浙江等地，形成中国东南沿海淡辣区。这些地区属于典型的世界辣椒带，具有特别需要吃辣椒的气候条件，但是反而不吃辣椒。主要是因为随着近代海运业的兴起，海洋经济迅速发展，沿海地区生活相对比较富裕，中国东南沿海同样如此，明末清初这些地方也相对富裕，可吃的食物相对比较丰富，而辣椒刺激性较强，比较难于被接受。这些地区喜欢清淡饮食，因此形成了中国特有的淡辣区。

东北的辣椒是闯关东的山东人传播的；西北的情况比较复杂，华北、长江两条传播路线同时都在向西北传播，甘肃辣椒主要由华北路线传播，陕西、新疆主要由长江路线传播；广东的辣椒由浙江直接传入或经湖南传入。

5. 中国食辣饮食文化

（1）中国食辣饮食的演变

辣椒传入中国后，它的传播和影响远远超出人们的想象，在中国不少地方，几乎到了无辣不食的地步。但是，辣椒并不是一传入中国就被食用，而是经历了观赏时期再到调味食用时期。

①观赏时期

辣椒传入中国后，一开始并未用作调味品或菜肴进行食用，仅作为花卉供人欣赏。明代有东方"莎士比亚"美誉的汤显祖，在其《临川四梦·牡丹亭》中描述过一户富贵人家的后花园，介绍了40余种花卉，其中就有"辣椒花"，此时的辣椒只供观赏。明代高濂《燕闲清赏笺下·四时花纪》载："番椒丛生白花，子俨似秃笔头，味辣色红，甚可观。"并将辣椒花与紫罗兰、牵牛花、蜡梅等列在一起，作为"中乘妙品"之花进行观赏。明代天启元年王象晋《群芳谱》中有了"番椒，秦椒"的记载。明末清初陈淏子《花镜》中仍将辣椒归为"花草类"，称："番椒，一名海风藤，俗名辣茄。本高一、二尺，丛生白花，秋结深子，俨如秃笔头倒垂，初绿后朱红，悬挂可观。"辣椒叶绿果红，尤为美观。清代吴其濬《植物名实图考》亦称花盆中可观赏的柿椒，或红或黄格外惹眼。方志中也有关于辣椒的详细记载，康熙《杭州府志》记："细长色纯丹，可为盆几之玩者，名辣茄。"嘉庆《（四川）郫县志》发现番椒在"郫野园中又有一种小仅如指，圆如弹丸，红如珊瑚，高尺许，乡人有以作盆景者"。辣椒如手指般小巧，美艳动人。可见至17世纪末期，古人仍习惯将辣椒作为盆景栽培欣赏，并与观赏类花卉齐名为花草类。如今最具观赏价值的辣椒非樱桃椒莫属。因其呈圆球形，形如榛子般小巧精致。奇妙的是，果实自白花落至成熟时可随时变色，一株上便有了青、白、黄、紫、赤等多彩的果子互相争艳，故称其为"五彩"，观赏价值极高。

②调味食用时期

康熙十年《山阴县志》载："辣茄，红色，状如菱，可以代椒。"番椒又被叫作辣茄，这里的椒指的是胡椒。在此之前，古代中国的辛辣调味品主要以姜和胡椒为主，此时辣椒开始代替胡椒。清代陈淏子《花镜》中认为："番椒，其味最辣，人多采用。研极细，冬月取以代胡椒。"谈及辣椒可磨成粉末,在冬日里代替胡椒使用。虽辣椒还未从花草类中剥离出来,但在康熙年间,据记载已有人发现它与胡椒都具有调味这一相似的作用。至于何时把辣椒从花草类列为蔬菜类,首见成书于清康熙四十七年的《广群芳谱》"蔬谱·椒"。而辣椒最开始被作为调味料又为何时?清代朱彝尊《食宪鸿秘》中把辣椒和官桂、陈皮、干姜等多种香料并列为"香之属","凡烹调用香料,或以去腥,或以增味,各有所宜",可推测辣椒从观赏花卉转为调味品大约在明末清初之际。

明代高濂《草花谱》记录了初尝番椒的百姓都在长江下游,即"下江人"。因为辣椒最初从海外传来,所以下江人最先尝试新食品。但有趣的是辣椒从江浙、两广传入,却未在这些地方被充分利用,而在长江上游及西南地区被大为推崇。辣椒自康熙年间传入西南地区后,最先开始食用辣椒的是贵州及其相邻地区。康熙初年,缺盐的贵州"土苗用(辣椒)以代盐"来刺激味觉。紧接着到乾隆年间,贵州东部的湖南辰州府及与贵州相邻的云南镇雄也开始食用辣椒。乾隆十二年,《台湾府志》也留存着台湾岛食用辣椒的记录。嘉庆以后,黔、湘、川、赣四省已开始"种(辣椒)以为蔬"。嘉庆年间,江西各地已开始种植并食用辣椒。光绪年间,江西地区食辣已成常态,而贵州北部的百姓在道光年间已养成了"顿顿之食每物必番椒"的嗜辣习惯,同治年间贵州人更是把海椒作为一年四季的日常菜食。

湖南人吃辣的习惯,是在道光以后才逐渐养成的。乾隆《辰州府志》称:"辰人呼为辣子,用以代胡椒,取之者多青红皆并其壳,切以和食品。"青辣椒和红辣椒一起作配料和食翻炒。据清代末年徐珂《清稗类钞》记述:"滇、黔、湘、蜀人嗜辛辣品。""湘、鄂之人日两餐,喜辛辣品,虽食前方丈,珍馐满前,无椒芥不下箸也,汤则多有之。"湖南人无辣不食,甚至连喝汤都要放点辣子才满足,足以见得湖南人对辣椒的青睐了。

四川食用辣椒的记录稍晚于其他食辣地区，在同治以后才普遍起来，最终普及到山野遍地种植。清末徐心余两次入川任职宦游四川各地，撰写的《蜀游闻见录》忠实地记录了川人食辣的日常饮食习惯，"须择其极辣者，且每饭每菜，非辣不可"。巴蜀之地虽引入辣椒较晚，但以辣椒为中心的佳肴早已成了当地重要的饮食特色，对川菜的形成与发展也有着深远的影响。

（2）中国食辣饮食的兴起

近二三十年来，中国饮食乃至整个文化的重要变化之一，就是人们开始变得喜欢"重口味"。麻辣鲜香的川菜、湘菜所向无敌，连原本传统上极少使用麻辣调味的江浙闽粤各省，也都出现了大量川菜馆。在记忆中，20世纪八九十年代的上海人通常都还普遍不能吃辣，然而大体从90年代末开始，诸如蜀地辣子鱼、麻辣香锅、香辣小龙虾等一波波大行其道，尤其获得勇于尝新的年轻人的追捧。这又与流行文化中那种推崇刺激、新奇、快感乃至"简单粗暴"的重口味取向一拍即合，其影响至今未衰。

这可说是一种相当反传统的新风尚。至迟从宋代以降，在长达一千年的时间里，中国菜的主要基调都受文人士大夫的深刻影响，钟爱蔬食之美，多与隐士清高的"林下风"相联系，像李渔《闲情偶寄》等著作无不推崇滋味清淡的本味，注重辣、咸则是底层民众菜式的典型特征。直至晚清民国，社会主流的认知仍是：加工越少、越淡越高级，当时官场饮酒也都以绍兴黄酒为高，味道浓醇的茅台酒盛行还是后来的事。换言之，"重口味"的兴起，与中国现代化进程中雅文化的失落、社会的平民化进程可说密切相关。

川菜的崛起，一般认为最直接的原因，是抗战时期国民党政府迁都重庆的附带结果，这使大批精英涌入西南，川菜顺势进入上流社会，其麻辣风味在战后随着长期雇用的四川厨师，播撒到东部各地。不过，辣椒原本就是外来的美洲植物，直到明末才由沿海传入中国，但进入中国饮食中却晚至18世纪中叶的乾隆时期，并且是深处内陆的西南山区。这意味着当时东南各省并未在意辣椒的食用价值，它只有在西南地区才找到了最适合自己的土壤。但这又是为什么？日本学者中山时子 1980 年在《中国之食文化》中给出了一个泛泛的解释："说起川菜，首先想到的就是辛辣的辣椒味道，这种依赖香辛料和调味料的饮食习惯，与夏天热气腾腾导致食欲不振不无关系。"但这无法解释，为何闽粤等地同样存在疰夏的情形，传统上却不爱吃辣。四川学者蓝勇则解释说，这一是由于长江中上游的冬季湿冷、日照少、雾气大，辛辣食物可祛湿抗寒，二是由于有吃辣食俗的移民迁入。这乍看似不无道理，但印度、泰国、墨西哥等国吃辣的烈度都大大超过中国，它们的冬季可并不湿冷，无疑也不缺日照。

曹雨在《中国食辣史》中提出一个更可信的观点：辣椒在西南饮食中的流行，其实与当地社会贫困缺盐有关。辣椒在中国用于食用的最早记载，现在所能查到的就是康熙六十年（1721）编成的《思州府志》："海椒，俗名辣火，土苗用以代盐。"这里明确指出：吃辣是为了"代盐"，且最早是在"土苗"中率先流行起来的。到道光年间（1821～1850年），贵州北部已经是"顿顿之食每物必番椒""居民嗜酸辣，亦喜饮酒"（《清稗类钞》）。他结合清代中国农业的内卷化进程，认为人口的增多使得农民不得不将越来越多的土地用于种植高产的主食，加上山区获得食盐成本高昂而不便，此时辣椒作为一种用地少、对土地要求低、产量高的调味副食，遂受到越来越多的欢迎。

穷人偏好"重口味"，原本是事理之常。因为在食物匮乏、少有余裕的年代，贫民必须尽可能地依靠能填饱肚子的主食为生，而为了尽量吃下粗粝的杂粮，就需要能"下饭"的副食。那些干重体力活的人，尤其需要咸、辣的菜肴佐餐，其浓烈的气味也能掩盖腥臭或腐坏的食材（如内脏、猪血），使之不至于难以下咽。客家菜有咸、肥、香三个特点，咸制食物十分丰富且重要，而其目的都是为了刺激食欲。因此食盐作为生活必需品，对穷人的重要性可说无与伦比。《清稗类钞》饮食类三"瑶人嗜盐条"："瑶习，向例于每年迎春日，男女老幼齐至县署，听候派盐，由县署分别大小，给以数大碗或二三碗不等。"山区的瑶族甚至将盐视为包治百病的万灵药，江浙一带也有"吃到天边盐好，走到天边娘好"的俗谚。

不过，值得思考的一点是：江南百姓在明清时期同样偏好味重、耐保存的下饭食物，但他们却并未转向食辣，而是注重于酱料。很多江南古镇都有酱园，甚至家家户户都有酱菜坛子，咸鱼、咸蛋、腐乳、酱菜等以前几乎是每餐必备。《老上海》中称民国时"沪地饭店，则皆中下级社会果腹之地"，到1930年后才渐渐登上大雅之堂，遂形成上海本帮菜"浓油赤酱"的特色。也就是说，在江浙一带，人们是选择了多加酱油达到"重口味"，但西南各省的菜肴却选择了辣椒。这除了山区缺盐（酱油中同样含有18%的盐分）、运费又高之外，恐怕另一个原因就是辣椒不挑气候、土壤，更能适应山地碎片化的小块耕地，因而更好地融入了当地的饮食结构之中。

就此而言，辣味菜肴在各地推开，是因为它成功取代了相似饮食结构中原本其他调味所起到的功能。徐珂《清稗类钞》卷十三"饮食类"记载，清末时，"北人嗜葱蒜，滇黔湘蜀人嗜辛辣品，粤人嗜淡食，苏人嗜糖"。北方人之所以喜好葱蒜，其实也是为了刺激食欲。陶孟和《北平生活费之分析》在调查1916～1927年间市民生活时发现，人们尽量节衣缩食，"各家庭既少食肉及其他精美品，只可以咸辣及富于刺激性者为佐食之资"，因而食盐对城市平民极为重要，"食盐已成为贫民家庭之奢侈品，且有因其价高而甘于淡食者"，但"此外尚有一事殊堪注意者，为辛辣刺激品，在教员食品中并未减少。此项食品，多是用以代替精美食品，刺激食欲。教员家庭喜食此等物，或因彼等之膳食，不甚可口，多用以代替精美食品，特用以佐膳，或因北方人民，喜食葱蒜，已成习惯，故教员亦常食之"。因此，如果说辣椒在西南饮食中是取代了盐所起到的作用，那么在北方饮食中就是蚕食了葱蒜原本作为"辛辣刺激品"的地位与份额。

这样，自三百年前辣椒在西南饮食中逐渐取得优势之后，遂以不可阻挡之势，逐渐席卷全国。开始是培育出了适合秦岭以北寒冷地带种植的秦椒，使辣椒进入西北的饮食文化之中，但最重要的变化，却是 1911 年清朝灭亡之后，一连串的革命打碎了中国原有的阶级饮食格局，使得原本世人印象中作为"穷人的副食"的辣椒，能被社会不同阶层所广为接受。

曹雨认为，这种现代的"城市辣味饮食文化"的出现，最重要的有两大原因：一是食品的商业化使大量廉价调味品充斥市场，而以辣椒为主要材料的重口味调料能覆盖质量不好的食材；二是旧有的饮食文化格局已经被打碎，新兴的"市民阶级无法直接效仿旧贵族的饮食文化，从而使得饮食的阶级格局模糊而混乱，辣味菜肴得以打破旧有的成见而获得广泛的认可"。这些当然不无道理，但值得补充的是，生活的丰裕通常都伴随着主食的淡化，而副食的消费比重增加；但奇怪的是，在不再要求"下饭"时，原本为了"下饭"才烹制的辣味反而流行了。这不能不说和文化心理有关。自新文化运动起，这 100 年来的激进反传统，使得现代中国不像以前那样讲究中庸调和、温和克制，而是追求刺激、极端、直接和彻底。

此外，随着现代社会的人口流动和平民化取向，饮食文化往往由欠发达地区传入发达地区，因为大量人口涌入城市后，不少人选择开个小馆子来谋生，印度菜在英国、意大利菜和中餐在美国，都是这样流行起来的。不过，任何一种菜式在饮食分层结构中的地位都不是一成不变的，曹雨再三强调川菜等辣味料理平民化的特性，但他无意中忽略了一点：现在川湘菜也早已不再只是廉价食物的代名词，它之所以能适应现代城市饮食文化的需求，就在于它的灵活多变，同样也演化出了许多上档次的菜品和餐馆，而并没有像东北菜那样一直被锁定在"低档"定位上。

这里面最耐人寻味的一点是：在欧美社会的现代化进程中，随着社会的富裕化，甜味元素在饮食中逐渐攀升，但在中国，却是辣味高歌猛进。据联合国粮农组织 2010 年的数据，中国人均每年消费 15kg 糖，虽比 1990 年的 7kg 已经翻倍，但与欧美接近 40kg 的均值差距甚远。对此，曹雨的解释是甜味的扩张往往伴随着食品工业的现代化，而中国真正进入工业时代是近几十年来的事情，因而中国还缺乏食用糖的传统饮食范式。相反，中国在现代化的过程中，辣味却成为城市新移民的象征性食物，其经济实惠能满足饮食消费需求，而便利、口味刺激等特性则更能融入现代商品化的需求和生活节奏。

这确实是相当特殊的。和盐不同，糖是一种非必需的调味品，因而中国传统上也是较富裕发达的地方更多食甜。《黄帝内经·素问四》就有中央"其味甘"的说法，如果说这还可能是五行配置的结果，那么北宋时沈括在《梦溪笔谈》中就已明确指出："大底南人嗜咸，北人嗜甘，鱼蟹加糖蜜，盖便于北俗也。"这与近现代北方饮食偏咸、而江浙闽粤偏甜的倾向截然相反，却与南北方经济地位翻转的变迁一致。直至 17 ~ 18 世纪的清代前期，江南一带的嗜糖程度与欧洲仍不相上下，福建、广东、台湾在 1650 ~ 1800 年间甚至是全球最大的蔗糖产地，但清朝不会像欧洲帝国那样，允许其中任何一地发展成为以甘蔗为主的单产区——只有台湾在日据时期发展出了这样的糖业形态。也就是说，中国传统上更注重均衡发展，也因此无法催生出完全市场取向的甜味工业和消费文化。

那么，怎么解释现代中国社会在富裕起来之后，仍然不是转向甜味偏好，却变得嗜辣呢？这除了文化取向、消费结构、人口流动这些已经谈到的因素之外，恐怕还有一点也值得注意：西方人嗜甜，也与饮食习惯有关：面包涂抹蜂蜜、果酱，牛奶、咖啡加糖并配甜点，下午茶和正餐后的点心往往都极甜，加上冰激凌、蛋糕，这都很容易摄入糖分；但中国人的饮食习惯却以蒸煮的主食为中心，米饭和包子可不便像面包那样加糖佐餐，至于饮料，茶也不惯加糖，家常也没有饭后甜点的习俗。这种情况下，糖很难搭配进食，只是炒菜时偶尔需要，糖醋小排之类毕竟不是每餐都吃。也就是说，甜味本身就较难融入中国饮食习惯，而辣味却能很好地适应。

不仅中国如此，事实上，以米面等主食为中心的整个东亚社会，饮食习惯都以能下饭的咸味为中心，只是受西化较深的日本在近代以后出现了不少点心（"和菓子"），而韩国是以传统腌制的泡菜为国民食物，但总体上东亚三国的食盐摄入量都偏高，因而胃癌发病率高于世界平均；与此相比，欧美社会吃得较淡，但嗜甜的结果是肥胖率高。从健康的角度来说，食辣既是对原有传统适应的结果，同时又塑造了新的社会习惯，甚至还在无意中帮中国人避免了饮食现代化过程中的健康陷阱。这就不只是辣椒本身的问题了，倒不如说折射出中国饮食文化乃至社会结构的某些特征，这才是中国食辣史给予我们的最大启发。

（3）中国食辣文化发展

辣椒虽是外来作物，但在中国的传播与发展，极大地丰富了人们味蕾的感受，提升了人们对食物口感的层次；中国生产的辣椒品种繁多，种植区域广泛，文化积淀深厚，给中国的文化生活带来了一场革命性的改变。

①中国食辣地域

中国不同地区吃辣的程度差异很大，在饮食口味上中国大抵可分为四大食辣区域：首先是长江中上游的高辣区，包括湖南、湖北、江西、贵州、四川、重庆、陕西南部等地；其次是东至朝鲜半岛的中辣区，包括甘肃、宁夏、青海、新疆、广西、云南等地；再是中部及东北地区的低辣区，包括安徽、河南、山西、山东、内蒙古、辽宁、吉林、黑龙江等地；最后是东南沿海的微辣区，包括江苏、上海、浙江、福建、广东等地。辣椒因特殊的刺激性，其在中国传统辛辣区迅速扩展，加之甜椒的栽种，辣椒传播速度加快，传播范围扩大。

自古以来食辣重区就被冠以"瘴之地""卑湿之区"的名称，人们为了抵御因自然地理条件带来的湿气与寒冷，以保持身体健康和基本的温饱问题，于是当地人常食辣来驱寒祛湿，在长期的饮食中逐渐形成了嗜辣的食俗，才有了"四川人不怕辣，贵州人辣不怕，湖南人怕不辣"的俗语。

在清代辣椒的传播过程中，各地嗜辣的差异不断增大。陕南地区偏爱咸辣并重。川渝地区讲究麻辣，无辣不成菜，麻辣鲜香，辣中佐以花椒使其香味更为别致。贵州地区多为酸辣，辣椒用盐水或卤水腌泡，泡制出的辣椒酸香脆嫩。云南一带则讲究煳辣，辣椒用油炸煳后享用，别有风味。两湖地区更多的是保有辣椒原始的鲜辣、纯辣，一般不需要别的调料来冲淡辣味，对辣椒食材的要求较高。

在清代，辣椒被制成了多种辣制调味品。道光年间《遵义府志》载："海椒一名辣角，每味不离；或研为末，每味必偕；或以盐醋浸为蔬，甚至熬为油。"贵州遵义的辣椒不仅用作调料，还可用盐醋水浸泡做菜，更有甚者将辣椒熬成油。清代末年贵州地区盛行的苞谷饭，其菜多用豆花，用水泡盐块加海椒，用作蘸水，与今天四川富顺豆花的海椒蘸水有异曲同工之妙。宣统元年傅崇矩《成都通览》记录了四川农家每户均有鱼辣子、泡大海椒、鲊海椒、辣子酱、胡豆瓣等辣制调味品。湖北《来凤县志》载："邑人每食不离辣子，盖丛岩幽谷中，水泉冷冽，非辛热不足以温胃和脾也。"古人无辣不欢，更是将辣椒研制成各式调味品，满足不同口味的需求。

近年来，随着我国人口的大规模迁移，以及城市发展对饮食文化的影响，辣味美食在全国各地迅速兴起。我国食辣人群已经突破了地域限制，呈现出地域多元化、人群集中化特征。食辣人群主要以年轻群体为主，女性居多，一般就职于压力较高的行业。国人在饮食习惯上正呈现出"全民食辣"的基本特征。喜欢食辣的人群占大多数，部分人群每天食辣，甚至在日常饮食中无法脱离辣这种味道。在他们喜欢吃辣的原因中，功能性因素（如驱寒祛湿、开胃）已非主要因素，更多是因为寻求刺激、释放压力、愉悦心情等心理上的原因。大多数食辣一族乐于和身边的好友分享与辣有关的饮食体验，在网络通信高度发达的今天，食辣族们借助手机、电脑等设备，通过聊天工具、社交网站等与朋友、同事甚至陌生人分享着辣味美食，由此可见，品味辣、分享辣已成为年轻人的社交新动因。

②中国辣椒典故

在古代，辣椒不仅被用作调味品，还被广泛应用于各类特色佳肴中，比如湖南的剁椒鱼头。据说雍正年间，反清文人黄宗宪在出逃的路上，途经湖南的一个小乡村，借住在一户贫穷的农户家。恰巧农户的儿子从田间池塘中捕回一条河鱼，解了女主人的"巧妇难为无米之炊"之愁。鱼洗净后，鱼肉放盐煮汤，再把自家产的辣椒剁碎后与鱼头同蒸。黄宗宪尝后连连称赞，回家后，他让家里的厨师将这道菜加以改良，便有了今天的名菜"剁椒鱼头"。

作为中国的传统饮食方式，火锅历史悠久，不论是贩夫走卒、商贾农工，还是达官显宦、文人骚客，人皆喜食。到明清时期，火锅才真正地兴盛起来。清乾隆四十八年正月初十，乾隆皇帝办了530桌宫廷火锅，在当时可谓是火锅之最，场面极其壮观。嘉庆皇帝登基时，曾摆"千叟宴"，所用火锅高达1550个，其场景壮观至极。重庆的毛肚火锅起源于清末的"水八块"，这是重庆码头和街边下力人在街头吃的廉价实惠的路边摊。水八块全是牛的下杂（毛肚、肝腰和牛血旺），生切成薄片摆在几个菜品不同的碟子里。食摊泥炉上砂锅里，煮起麻辣牛油的卤汁。食者自备酒，自选一格，站在摊前，拈起碟里的生片，且烫且吃。重庆火锅来源于民间，升华于庙堂。作为一道突出的美食，火锅已然成为重庆美食的代表和城市名片，"到重庆若不吃火锅，等于没到过重庆"讲的就是这个理。

麻婆豆腐是传统川菜之一，始创于清朝同治元年。成都万福桥有一家名为"陈兴盛饭铺"的小饭馆，经常光顾饭铺的人大多是挑油的脚夫。他们经常会自己买一些豆腐和牛肉，然后拿到饭馆来让老板娘陈氏代为加工。时间久了，陈氏对烹制豆腐有了独有的技巧，经此方法做出的豆腐色香味俱全，广受欢迎。因见老板娘的脸上有些麻点，便将这道菜戏称为"麻婆豆腐"。清末诗人冯家吉《锦城竹枝词》赞曰："麻婆陈氏尚传名，豆腐烘来味最精，万福桥边帘影动，合沽春酒醉先生。"清朝末年，麻婆豆腐被列为成都著名的食品。即使在百年后的今天，麻婆豆腐依旧名声卓著，传遍中国，乃至日本、新加坡等世界各地。

据曾国藩的女儿纪芬回忆，文正公在世时，常令儿辈竞食辣椒，又命媳妇女儿竞做辣椒酱，并由文正公亲自评判优劣，以取材最辣者为最优。鲁迅喝茶吃辣椒读书的故事一直广为流传，某年冬天异常寒冷，想继续读书的他想到用辣椒驱寒、茶叶提神的法子，当机立断去买了红辣椒和茶叶。到了夜里在屋里生起煤火，烧开热水，泡上茶。困了就喝茶，冷了就吃辣椒，俗话说"三个辣椒，顶件棉袄"，就这样他一直读书到深夜。最终，鲁迅以第一名的成绩获得了国家外派留学生的资格。

毛泽东同志作为湖南人更爱食辣椒，曾有"不吃辣椒不革命"的豪情壮语。美国记者斯诺《西行漫记》里曾写道："毛泽东的伙食也同每个人一样，但因为是湖南人，他有着南方人'爱辣'的嗜好，他甚至用馒头夹着辣椒吃。"辣椒养成了湖南人勇猛刚劲的非凡气概，毛泽东同志在中国的政治和军事上也有着火辣的出彩表现。他曾多次向中外友人推荐辣椒，并风趣地说吃辣椒是革命的象征，谁不会吃辣椒，谁就不会革命。

③中国辣椒民俗

辣椒拥有独有的特性，渗透到中国民风习俗中，孕育了丰厚的辣椒艺术文化，百姓的日常饮食、人际交往、节日庆祝等，事事与辣椒相伴。康乾时期，辣椒的强烈刺激性已为人熟知，以至民间将那些"厉害、不好招惹的人"比作"辣子"。著名古典小说《红楼梦》中贾母向林黛玉介绍王熙凤时便说："她是我们这里有名的一个泼辣货，南京所谓'辣子'，你只叫她'凤辣子'。"

江西婺源篁岭的"晒秋"习俗已然成了篁岭的一张名片。篁岭古村由曹文侃建村于明朝宣德年间，至今已有500多年的历史。篁岭先民习惯用竹筛匾在窗台前晾晒农作物，既不占地方，也便于收藏。如今篁岭晒秋已成为固定习俗，每年秋收时节，家家户户屋檐上晒满了辣椒、玉米等色彩鲜艳的农产品，与白墙黑瓦的徽派民居构成了一幅完美秋收画卷，也成了"最美的中国符号"。明清时期关中兴平县的农民采摘完辣椒后，都会用细线串成长串，并挂在屋檐下晾晒，俗称"钱串子"。辣椒以鲜明的色彩象征着火爆、热闹、喜庆、好运，现在过年随街可见"辣椒串"的装饰品最早就源于此，为春节增添了红红火火的生气。旧时过春节，农家的窗花常有辣椒图案，红纸与红辣椒相契合，生动又逼真。过去也有将辣椒图案绣在儿童的鞋子上，以"秦椒"谐音"勤脚"，期盼孩子有勤快的双脚，寓意颇丰。

④中国地方名椒

清代吴其濬《植物名实图考》中提到"辣椒处处有之"，因辣椒的适应性极强，既能耐寒又能受热，对土壤要求也不严苛。此时辣椒已被广泛种植，甚至远到新疆、西藏等地都能见到大面积种植的辣椒。纵观各地，辣椒名品迭出，品质优异。

产自河北的望都辣椒有着数百年的种植历史，其以产量大、色红、肉厚、味香、久放不坏而著称。明末清初，资本主义的萌芽和商品经济的大力发展，农民开始大规模种植辣椒。到了清末，望都辣椒获得了较高的声誉和广泛的影响，望都也因此赢得了"辣都"的美誉。《望都县志》记述了当时望都辣椒"其品质产量均较他处为优"，"远销察省、汉口、徐州、蚌埠，近年来运津出口朝鲜仁川者不在少数，此诚本县一大宗也"。望都辣椒的美名也早已传到了国外。

河南以永城市的鄷城、龙岗等地生产的辣椒最佳，永城受命栽培辣椒已有多年的历史。辣椒不但是一种上等的调味蔬菜，还具有消导和胃、行血健脾的作用，并称之为好椒。这里种植辣椒的农民愈来愈多，加之当地的气候及土壤条件都十分适宜大规模种植辣椒，辣椒的产量也相当可观。本土辣椒成熟后，色泽鲜红，肉厚油多，香辣味强，晒干后配上芝麻、大豆及调料，便制成赫赫有名的"辣椒砖"。吃时碾碎，调以小磨香油，色、香、味、辣俱佳，深受人们的喜爱。

遵义朝天椒，又名遵义小辣椒、虾子朝天小辣椒。成熟后色泽鲜艳、油润红亮、果型美观、肉厚质细、辣素适中、风味浓香，单生或簇生，其果实朝天。道光年间《遵义府志》载："番椒丛生，郡人通呼海椒。其形状有数种，长细角似者，名牛角椒；细如小笔头、丛结、尖仰者，名簪椒，二种尤辣。一种扁圆形，色或红或黄，味不甚辣，名柿椒。"当地栽培的辣椒可谓多种多样。经过长期的物竞天择，"簪椒"发展为"遵义小辣椒"，又因果实朝天，亦称"遵义朝天椒"。

⑤中国辣椒种植情况

从全球来看，辣椒产量主要分布在中国、墨西哥、土耳其、印度尼西亚和西班牙等国家。其中，中国为辣椒产量最大国，辣椒产量常年位居全球第一，占全球辣椒产量的 50% 左右，其余四大主产国所占比重均不足 10%。

我国是世界第一大辣椒生产国与消费国，辣椒每年种植面积在 200 万 hm^2 以上，占蔬菜种植面积的 10% 左右，占世界辣椒种植面积的 1/3 左右。其中，我国辣椒栽培面积超过 13 万 hm^2 的有贵州、河南、云南 3 个省，其中贵州已超过 33 万 hm^2，面积最大，河南超过 20 万 hm^2，云南超过 16 万 hm^2；湖南、河北、四川、湖北、江西、陕西、海南、山东、安徽、辽宁、吉林、山西、新疆、宁夏、甘肃、内蒙古等省区也是生产和食用辣椒的主要区域，面积均在 3 万 hm^2 以上；福建省栽培面积也近 0.6 万 hm^2。其中，区域特色较为明显的辣椒主产区有贵州、河南、云南、湖南、四川、宁夏、新疆、福建等产区。

贵州辣椒：贵州辣椒种植面积在 33 万 hm^2 以上，居全国第一位。贵州拥有丰富的辣椒资源，主要分布在贵阳、遵义、安顺、毕节等地，如贵州倭椒、贵州五星椒等优良品种。贵州本地已培育出了超过 200 个辣椒品种（组合），在贵州本地培育的辣椒品种中，遵义辣椒占到贵州全省产量的 40%、全国产量的 12%，居全国七大辣椒主产区首位。

河南辣椒：河南辣椒种植面积 20 万 hm^2 以上，其中朝天椒种植面积近 13 万 hm^2，在河南省商丘市柘城县三樱椒每年种植面积达 2.8 万 hm^2，成为远近闻名的三樱椒种植基地，被誉为"中国三樱椒之乡"。河南辣椒产区主要分布在豫北（濮阳、安阳）、豫东（商丘为主）、豫中南（许昌、南阳等地）以及豫西（洛阳等地）。

云南辣椒：云南辣椒种植面积达 16 万 hm^2 以上，种植主要分布在文山、昭通、保山、昆明等地。云南种植辣椒历史悠久，面积大、分布广，并拥有丰富独特的辣椒资源,如丘北辣椒、小米椒、大米椒、皱皮椒、涮涮辣、铁角辣等。

湖南辣椒: 湖南辣椒种植面积达 11 万 hm² 以上,种植辣椒品种类型以线椒、牛角椒、朝天椒等品种为主。湖南辣椒种植面积虽然大,但多为散户种植,只有个别区域较集中,如在洞庭湖区,牛角椒种植较多;而湘中、湘西地区,线椒是主栽品类。

四川辣椒: 四川辣椒种植面积 7 万 hm² 以上,种植辣椒品种类型以菜椒、线椒、朝天椒等品种为主,其中线椒占到四川辣椒市场的八成。菜椒产区主要分布在城镇周边,多是就地生产就地销售;线椒主产区主要分布在四川盆地内丘陵地区;朝天椒主产区主要分布在川南地区。

宁夏辣椒: 宁夏是西北乃至全国重要的辣椒产区,牛角椒、枸杞辣椒、彭阳辣椒,是宁夏辣椒的关键词。相比于四川、贵州、湖南等辣椒生产大省,宁夏种植面积相对少。牛角椒是宁夏种植的主要辣椒类型,以外销为主。"牛角椒主要来自国外,国内品种仅占 30%;羊角椒正好相反,国内品种占 70%。"

新疆辣椒: 新疆光照时间长,昼夜温差大,出产的辣椒产量高、品质好,干物质及红色素含量高,加之病虫害少,有利于机械化规模化种植。新疆已成为我国一个重要的制干辣椒产区和理想的工业辣椒生产加工基地,目前种植面积达 4 万 hm²,年产干椒 25 万 t 以上,干椒年产量占全国的 1/5。

安徽辣椒: 安徽黄淮地区气候条件适宜辣椒生长,是我国三大辣椒制种地区之一。黄淮地区辣椒育种始于 20 世纪 80 年代末,线椒在育种方面的性能远远好于泡椒,不仅产量高,而且具有很好的抗病性。

福建辣椒: 福建省内共有两大辣椒产区,一是闽东、闽南设施大棚鲜食辣椒产区,种植区域主要在泉州、漳州、福清等地,以生产冬季反季节大牛椒、大泡椒等鲜食辣椒为主，仅泉州片区，种植面积就达 1660 hm²，产品主要销往浙江、安徽、江苏等地，比海南反季节产区更接近销区；二是闽西、闽西北、闽北露地高辣辣椒产区，种植区域主要在三明、南平、龙岩等地，以生产高辣特色辣椒和高辣朝天椒为主，产品主要销往重庆、四川、湖北、湖南、贵州等地，主要用于卤制品加工。

（二）高辣辣椒的生产及用途

1. 我国高辣辣椒的生产

高辣辣椒一般是指辣度在 5 万～30 万斯科维尔（SHU）的辣椒，可用于鲜食调味、制干、制酱，提取辣椒素、辣椒红素等，加工产品多、产业链长、附加值高，是重要的工业原料作物。我国的西北、西南、东北和湖南、湖北、江西是著名的辣带，素有"四川人不怕辣、贵州人辣不怕、湖南人怕不辣"之说，并以此为基础研发出诸多以辣为底味的菜系，如川菜、湘菜等。我国高辣辣椒主产区和消费区主要集中在云南、福建、贵州、河南、四川、重庆、湖南、湖北、江西、新疆、甘肃等地，种植的高辣辣椒主要有"朝天椒""二荆条""小米椒"等，在海南、云南、福建等地也种植一些极具地方特色的常规高辣辣椒，如"海南黄灯笼""云南涮涮辣""小米椒""永安黄椒"等。

近年来，随着辛辣文化的广泛传播和渗透，特别是川菜、湘菜、黔菜等含辣菜系的推广普及，国内食辣人口数量不断增加，目前已经没有了明显的食辣地域区分，对辣椒及其加工制品的需求保持快速增长。在辣椒生产的带动下，我国辣椒加工企业也不断发展，并开发出辣椒干、辣椒酱、辣椒油、辣椒粉、剁辣椒等 200 多种辣椒加工产品，涌现出一大批国内外知名的辣椒加工企业，如"老干妈""老干爹""乡下妹""坛坛香""辣妹子"等，它们对辣度高、香味浓郁、适宜制干及制酱的高辣辣椒品种的需求日益提高。此外，随着科学技术水平的不断提高，辣椒在医疗、工业、保健、美容等方面的功能得到进一步挖掘，国际市场上对辣椒碱等辣椒深加工产品的需求缺口较大，我国高辣辣椒种植面积和产量均保持持续快速增长。

2. 高辣辣椒的用途

近年来，随着人们对辣椒天然提取物研究的不断深入，让辣椒走上了更大的舞台，不仅餐桌上的江湖地位无人能替，辣椒还有了更多除饮食以外的施展空间，从高辣辣椒中提取的高纯度辣椒碱与辣椒精在医药工业、食品、保健、生化农药、军事等众多领域被广泛应用，特别是近 10 年，全球对工业辣椒的需求不断增长，辣椒已经变成一种重要的战略物资，高辣、超辣辣椒种植面积也在逐年增加。

（1）食用价值

辣椒的营养价值很高，堪称"蔬菜之冠"，含有维持人体正常生理机能和增强人体抗性及活力的多种化学物质。其中辣椒中维生素 C 的含量在蔬菜中占首位，每千克辣椒中含维生素 C 比茄子多 35 倍，比番茄多 9 倍，比大白菜多 3 倍，比白萝卜多 2 倍；辣椒还含有辛辣成分辣椒碱、降二氢辣椒碱、高辣椒碱、高二氢辣椒碱、壬酸香兰基酰胺、癸酸香兰基酸胺；还含有叶黄素、隐黄素、辣椒红素、微量辣椒玉红素、柠檬酸、苹果酸等物质；近年来研究还发现，辣椒挥发油的含量达 0.1%～2.6%，主要成分是 2- 甲氧基 -3-异丁基吡嗪。辣椒不仅可用于鲜食调味，还可制作辣椒干、辣椒酱、辣椒粉等辣椒加工制品。

（2）药用价值

辣椒中的辣椒素具有通经活络、活血化瘀、祛风散寒、开胃健胃、补肝明目、温中下气、抑菌止痒和防腐驱虫等功效，所以常将它称为"红色药材"，用来预防和治疗某些多发病和常见病，如伤风感冒、脾胃受寒、消化不良、关节疼痛、脚手冻伤等。随着科学研究的深入，进一步探明了辣椒的化学成分、药理效应与人类健康的密切关系。辣椒还可制作成生物农药，用于杀灭害虫和老鼠，在受到辣椒水强烈刺激后会导致害虫痉挛收缩致死，老鼠皮肤出现灼烧感，从而达到杀虫和驱鼠的作用。辣椒水杀灭害虫和老鼠安全可靠，对人畜和生态环境无害，触杀害虫不会产生耐药性，原材料简单易得，效果立竿见影。

图 1-5　辣椒风湿膏

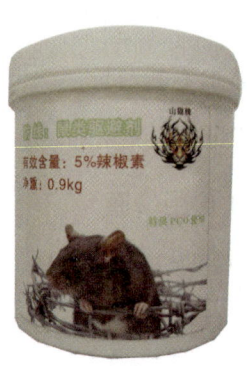

图 1-6　鼠类驱避剂

（3）工业价值

利用辣椒素的强烈辛辣味，在森林、高山电缆和光纤表面涂抹辣椒素，能使动物的口腔黏膜和味觉神经受到强烈刺激而厌弃咀嚼，从而避免鸟类啄咬和白蚁蛀食，降低维护成本；海洋中的一些附着生物如藤壶、海藻、贝类等，大量附着在船底、浮标、码头、桥墩、海水管道及养殖网箱网具上，辣椒素可作为驱避剂，具有强烈的驱赶作用，可避免海洋生物附着和侵蚀，保证航海安全。

图1-7　高山电缆

图1-8　货轮

（4）军事价值

辣椒素具有良好的催泪作用，可以引发人体产生强烈的生理反应，使人出现咳嗽、呕吐、流泪等症状，甚至迷失方向，但无毒副作用，因此在军事上是制造催泪弹、催泪枪和防卫防暴武器的主要原料，在美国、日本、德国等国家都已广泛应用。同时辣椒素也被用于制作个人防身武器和制服违法者的工具。

图1-9　催泪喷射器

图1-10　催泪弹

（三）辣椒保鲜与加工技术研究进展

1. 辣椒贮藏保鲜技术研究进展

辣椒为呼吸跃变型蔬菜，且辣椒果实含水量高，采后呼吸代谢旺盛，加之皮薄质软，在贮藏过程中易失水萎蔫、机械损伤、造成微生物侵染腐烂，不适宜长期低温贮藏，易产生冷害，发生品质劣变，采后的损耗高达25%～30%。此外，辣椒生长的季节性、区域性较强，上市时间集中，国内冷链物流储运体系建设的落后，造成产销供求矛盾较为突出，严重限制了辣椒产业的发展。因此，梳理研究辣椒采后的损耗规律，开发辣椒的物流储运保鲜技术，提高辣椒的贮藏保鲜品质，对打破辣椒产销的区域性和季节性束缚，缓解辣椒产销之间的矛盾，增加农民收入，推动辣椒产业的健康发展具有重要意义。

（1）辣椒保鲜技术研究

辣椒保鲜，传统意义上主要是通过物理、化学等技术手段与设备最大程度地降低辣椒采后的呼吸速率，尽可能地减少辣椒水分散失和降低有机物质的消耗速度，最大限度保持辣椒的外观色泽、营养风味、质地口感等新鲜品质。当前果蔬保鲜技术主要分为物理、化学以及生物保鲜等，其作用机理主要围绕三大因素进行调控：一是通过调控果蔬自身的呼吸作用延缓其衰老；二是通过调控环境中的温度、湿度来控制内部水分蒸发；三是通过杀菌或抑制腐败菌来控制微生物繁殖。鲜食辣椒贮藏保鲜涉及多个方面：一是减少失水萎蔫；二是减轻低温冷害；三是延缓转色变红；四是降低微生物侵染造成腐烂。

辣椒采后有后熟过程，可由青绿色逐渐转为红色或黄色，由硬变软。收获后的辣椒极易失水，果柄变干，甚至果实出现干皱萎蔫，所以贮藏过程要求保湿。同时，辣椒对水分特别敏感，贮藏过程的结露，遇雨或灌溉后立即采收贮藏，在贮藏过程中会加重腐烂。在常规温度（10～12℃）贮藏条件下，贮藏前期辣椒的腐烂主要表现在果肉部分，后期腐烂则由果梗受侵染程度决定，因此，控制果梗部位的腐烂，对于辣椒贮藏腐烂的控制和延长贮藏期有重要作用。

（2）辣椒的包装、贮藏与运输技术

①采前处理

适时采收：辣椒果实的成熟度与耐贮性密切相关，应采摘充分发育成熟、外观正常完整、无病虫害损伤、无畸形的健康果实，应带果柄采摘，从而达到延长保存期、提高商品价值的目的。果实采收过早，含水量高，贮藏后易萎蔫，易发生机械损伤，引起微生物侵染，引发病害；果实采收过迟，贮藏期间易转色、变软、营养物质降低，导致风味变差；果实损伤会加强自身呼吸作用，加速营养物质降解；病害果实在贮藏过程中易被腐败微生物侵染引起果实劣变。采收季节与耐贮性也有很重要关系，晚秋果最利于长期贮藏。应重视采收前的天气变化，选择晴天或早晨露水干后，气温较低时进行采收，此时田间热量在果实中积累较少，利于贮藏。秋收果要在霜前收，受霜冻或冷害的辣椒不能用于贮藏或长途运输。采前进行合理追肥及灌水，同时注意病虫害防治，采前15d左右适当喷洒杀菌剂，尽可能杀灭由田间带来的病原菌。采前5～7d应停止灌水，辣椒属浆果，果实含水量高达70%～90%，采前大量灌水，辣椒水分增加，在贮藏过程中容易失水，出现果梗变干、果实萎蔫等现象；另外，采收后含水量高，呼吸强度高，易发生机械伤害，极易引起微生物侵染，导致腐烂。辣椒含水量少，呼吸减弱，利于贮藏，露地栽培如遇下雨应推迟采收。

②采后杀菌

软腐病、炭疽病、黑斑病、疫病、灰霉病是辣椒果实生长和贮藏期间常见的病害。发生病害的果实在挑选阶段已被剔除，而未发生病害但其在田间已携带有病原菌的果实，在挑选时无法用肉眼进行辨别，只有在贮藏一段时间后才会表现出相应的病害症状。因此辣椒在贮藏前必须在杀菌保鲜剂中浸

泡，以除去表面病菌。若采用喷施杀菌剂的方式，则要喷施彻底、均匀，每一个果实都要喷到，防止漏喷。

③场地消毒

贮藏场地应符合 GB/T 26432—2010《新鲜蔬菜贮藏与运输准则》的规定。贮藏前应对仓库、采收器具、果筐、果箱等病害侵染源进行彻底清扫和消毒，并进行通风。应检修所有设备，使设备处于良好工作状态。常用的环境消毒剂有硫黄、次氯酸、甲醛、漂白粉等。

④采后预冷

辣椒采收后还保留大量田间热量，预冷目的是快速去除田间热、减缓辣椒的呼吸速率、减少有机物的消耗及微生物和病原菌侵染，延长保鲜期。预冷要彻底、迅速。因此，及时预冷是辣椒贮藏及冷链流通的关键环节。预冷可采用敞开自然预冷、冷水预冷、压差预冷，当温度较高时可采用冷水预冷方式，达到快速降温的目的，冷水预冷后要冷风吹干表面水分。冷库预冷，预冷时间控制在 12h 以内，预冷温度为 10 ~ 12℃。

（3）影响辣椒贮藏的因素

①品种对辣椒耐贮性的影响

品种耐藏性是决定辣椒贮藏期和保鲜品质的内在因素。辣椒品种繁多，不同品种辣椒的耐贮性差异较大。甜椒比尖椒耐贮藏，晚熟品种比早熟品种耐贮藏。经实验和生产实践证明，兰州大羊角、陇椒 1 号在 8℃条件下分别贮藏 20d、40d、60d，兰州大羊角的腐烂指数和商品果率均优于陇椒 1 号，耐贮性明显好于陇椒 1 号。由于各地种植的品种差异较大，品种的更新换代速度较快，很难按品种的耐藏性和抗病性来选择品种贮藏。一般果实角质层厚、肉质厚、色深绿、皮坚光亮的晚熟品种较耐贮藏。

②**湿度对辣椒耐贮性的影响**

湿度是影响果实贮藏性能的重要环境因素之一。适宜的湿度也是贮藏的重要条件，辣椒贮藏适宜的相对湿度为90%～95%，湿度低于90%易失水萎蔫，从而降低鲜度，影响商品价值，采用塑料密封包装袋包装可以很好地防止辣椒失水。湿度超过95%易滋生霉菌，引起病害，因此装袋前应彻底预冷，使用无滴膜或透性膜。

③**温度对辣椒耐贮性的影响**

温度调节是延长辣椒等新鲜商品贮藏寿命的最有效工具。低温能够有效减弱辣椒的呼吸作用，抑制微生物生长，从而延长辣椒的贮藏期。但辣椒对低温较敏感，目前国内外研究并没有统一的最适贮藏温度，一般夏季辣椒贮藏适温10～12℃，冷害温度9℃；秋收辣椒贮藏适温为9～11℃，冷害温度为8℃。较为公认的最佳商业贮藏温度为9～11℃，认为10℃为最佳贮藏温度，能减缓呼吸速率、减少水分损失、降低腐烂率，最大限度地降低辣椒短期贮藏过程中的品质损失。当温度低于9℃易造成冷害，果实局部或全部水浸状，表面凹陷斑。高于12℃时呼吸作用旺盛，加快后熟，出现衰老及腐烂。辣椒贮藏期间要防止温度波动，温度波动过频、过大，包装薄膜会出现结露，引起病原菌滋生，导致果实腐烂，但是对于不同品种辣椒需采取不同的贮藏温度，否则易造成低温冷害。

④**气体环境影响**

低氧与高二氧化碳可推迟辣椒果实完熟引起的颜色变化，有助于维持贮藏和运输期间的质量。辣椒适宜的气调环境为氧气浓度在6%～8%，二氧化碳浓度在1%～2%。辣椒对二氧化碳气体较敏感，在贮藏过程中由于呼吸作用而不断释放出二氧化碳，如果二氧化碳不能及时排出，其浓度超过2%往往就会发生二氧化碳伤害，导致果实腐烂，表现为果实表面出现浅色斑点，逐渐变为棕褐色。因此，辣椒垛藏时不要堆积太紧，也不要过大。

（4）辣椒包装

产品包装应完整、清洁、无污染、无异味、无有毒有害物质，具有防震、防冲击功能，应符合 NY/T 658—2015《绿色食品　包装通用准则》的规定，包装容器用添加剂应符合 GB 9685—2016《食品接触材料及制品用添加剂使用标准》的规定。运输与配送包装应分别符合 T/XJY 1301—2022《湘江源蔬菜低温包装规范》和 T/XJY 1302—2022《湘江源蔬菜常温包装规范》的规定。同一包装箱内应为同一等级的产品，每一包装上应注明产品名称、标准编号、生产单位名称、产地、等级规格、净含量、采收及入库时间等标识。

目前已经开发出来的保鲜包装材料有保鲜包装纸、包装袋、保鲜箱等，将乙烯脱除剂填充到纸原料中或者浸涂在造好的纸上，使其具有保鲜性能。保鲜箱和保鲜纸的原理相同，可将箱体的全部或者一部分进行保鲜处理，亦可将保鲜纸附于箱体内侧。保鲜袋有硅橡胶气调袋、防结露薄膜袋、微孔薄膜袋和混入抗菌剂、乙烯脱除剂、脱氧剂、脱臭剂等制成的塑料薄膜袋。

（5）辣椒贮藏

预冷处理完成后的辣椒，放入贮藏专用的周转木箱、塑料箱、纸箱，箱内衬纸或塑料袋，果与果摆放整齐紧密。装运移库过程中应避免机械损伤。堆垛的走向、排列方式应与库内空气循环方向一致，垛底应加托盘或垫层（10 ~ 15cm）。垛间距应 ≥ 20cm、垛与墙壁间应 ≥ 30cm，垛顶部不得超过冷库吊顶风机底边的高度。靠近蒸发器和冷风口的部位应遮盖，防止冷害和冻害。

夏季辣椒的贮藏适温为 10 ~ 12℃，适宜湿度 90% ~ 95%；秋季的贮藏适温为 9 ~ 11℃，适宜湿度 90% ~ 95%。在温度 9 ~ 12℃、湿度

90% ~ 95% 的贮藏条件下，鲜食青椒贮藏期限一般为 25 ~ 30d，鲜食红椒贮藏期限一般为 7d 以内。不可超期贮藏，及时出库运销。贮藏期间每 1 ~ 2h 测定并记录贮藏库内的温度和相对湿度，检查冷库机组的运转情况。冷藏库内需每隔 2 ~ 3d 随机抽检一次，定期检查，及时剔除有质量问题的辣椒，并做好相关记录。适时结束贮藏，不可无限延长贮藏期。

（6）辣椒运输

常温运输：短途运输（从采收到集散中心不超过 5h）时可采用普通车运输。产品运输途中要注意防晒、保湿和通风，夏天应注意降温，冬天应注意防冻。冷链运输：长途运输（运输时长超 12h）或夏天运输时应采用冷藏运输。冷藏运输要求：冷藏车内温度应控制在 7 ~ 10℃，相对湿度应控制在 90% ~ 95%。车辆应清洁、卫生、无污染、无异物，不允许与释放乙烯的果蔬（香蕉、苹果、杏、番茄等）混装。

国内果蔬贮藏、运输过程中损耗率高的主要原因，包括保鲜技术应用范围小，以及果蔬种植、保鲜加工、物流销售的一二三产业融合率低；而欧美等发达国家不同果蔬的保鲜技术先进成熟，具有高度的机械化和自动化加工，具备了较完整的生产加工流水线，有效降低了贮藏运输和货架周转时间，保证了较低的损耗率。因此如何大力发展乡村果蔬种植加工产业，实现果蔬农作物的种植采摘、加工保鲜、配送销售的一二三产业融合发展，是我国乡村振兴战略中产业振兴的主要着力点。

2. 辣椒加工技术研究进展

从辣椒加工方面来看，我国辣椒加工相关企业的注册量也整体呈正增长态势。截至 2022 年 11 月 11 日，我国共有约 1.2 万家辣椒加工相关企业，从地区分布来看，贵州、山东、河南位列前三。

（1）贵州省辣椒加工及品牌情况

"十三五"期间，贵州辣椒品牌体系建设初步形成了以"老干妈""辣三娘""乡下妹""南山婆"等重点企业品牌的三级品牌体系，进一步提升了贵州辣椒的知名度，扩大了品牌影响力和市场占有率。贵阳南明老干妈风味食品有限公司生产的"老干妈"系列辣椒调味品，年产值超过 15 亿元，其油辣椒制品在国内占有 60% 以上的市场销售份额，成为国内辣椒制品业的龙头老大。连续举办的贵州遵义国际辣椒博览会，增强了贵州辣椒在全国乃至全球市场的影响力。全省辣椒加工企业 2000 多家，辣椒干生产企业最多，其次是发酵辣椒、油辣椒和辣椒面生产企业，休闲辣椒生产企业最少。目前，贵州辣椒初加工产品占据主导地位，而精深加工较弱，处于发展阶段，产品净利润偏低。

（2）湖南省辣椒加工及品牌情况

湖南为我国辣椒加工大省，年产辣椒初加工产品 143.29 万 t，精深加工产品 18.93 万 t，辣椒加工产值 60 亿元左右。目前湖南辣椒加工行业有 1200 余家，其中规模较大的有 200 多家，产值超过 20 亿元，形成了以"辣妹子""一统山河""华越老干妈"等特色的辣椒产品加工企业。全国知名品牌长沙坛坛香调料食品有限公司年加工销售剁辣椒 1.2 万 t，产品省外市场占有率达 70%。"辣妹子"辣椒酱为"中国驰名商标""湖南省著名商标""湖南省出口品牌"。汝城县鑫利食品有限公司及繁华食品有限公司均为省级龙头企业，以生产辣椒制品为主，年加工鲜椒能力达 10 万 t。但自产不足，湖南辣椒加工企业 60% 以上的加工原料从外地采购。同时，湖南辣椒加工产品单一，剁辣椒所占比重较大，高科技、高附加值的产品几乎没有，手工作坊式小企业较多。

（3）河南省辣椒加工及品牌情况

目前河南省辣椒加工企业主要聚集在主产区内，全省辣椒加工企业 1300 多家，全国第三。建成以辣椒为主导产业的现代农业产业园 4 个，分别位于临颍县、柘城县、睢县、太康县等，多从事初级加工。初加工企业中规模较大的有扶沟县遍地红辣业有限公司，年产干辣椒 9000 多 t；内黄县的老倔厨食品有限责任公司年加工尖椒 3 万 t；太康县红运高辣食品有限公司年加工 3.6 万 t，"红运高辣"自主品牌投放市场，年营业额近 2 亿元。在深加工方面，有从事辣椒素提取、精制加工及应用的漯河市中大恒源生物科技股份有限公司等企业。

（4）云南省辣椒加工及品牌情况

云南辣椒的加工企业，总体来说规模小，加工方式单一，且经济实力弱。全省辣椒加工企业 400 多家，多数辣椒加工企业与科研院所结合不够紧密，企业研发能力薄弱，资金投入不足，生产工艺落后，辣椒加工以粗加工为主，对辣椒精深加工研究较少。此外，云南省辣椒加工企业研究形成了酱制辣椒、泡椒、剁椒等系列辣椒加工产品，出口外销 40 多个国家 150 多个大中城市，辣椒加工产品广泛应用到医药、工业、食品等行业领域。

（5）四川省辣椒加工及品牌情况

四川是我国辣椒生产大省和原料加工大省，生产与加工企业繁多，加工产品类型丰富，以豆瓣酱、泡辣椒、复合调料等初级加工产品为主，豆瓣酱则以成都市郫都区和资阳市临江寺为代表，年产值已超 100 亿元。"郫县豆瓣"是中国地理标志产品，远销东南亚、欧美各国，2020 年品牌价值达 661.09 亿元。泡辣椒有二荆条、小米椒等，年产值 20 亿元以上。复合调料有辣椒面、鱼调料、火锅调料等，年产值 300 多亿元，主要品牌有四川天味食品"大红袍""好人家""天车"等;四川翠宏食品有限公司主要生产销售干辣椒、蘸料、辣椒粉、辣椒红油、辣味复合调料等五大系列产品,辣椒原料年吞吐量 3.5 万余 t,年销售额 4 亿元左右,产品畅销国内多个省市,以及远销至加拿大、新加坡、西班牙、澳大利亚等国家。

表 1-4 2022 年我国主要省份辣椒产业加工情况

省份	产品种类	知名品牌	龙头企业	加工企业
贵州	辣椒干、辣椒粉、糟辣椒、辣椒酱、糍粑辣椒、油辣椒、煳辣椒、泡辣椒、辣椒红素、辣椒风味食品和发酵制品等	老干妈	老干妈	2487
河南	辣椒干、辣椒粉、辣椒碎		仲景食品	1325
云南	辣椒干、辣椒酱、油辣椒、蘸水、风味豆豉、泡椒、剁椒,深加工辣椒素和辣椒红素		云南津渝、宏绿辣素	486
甘肃	辣椒干、辣椒粉、辣椒酱、辣椒红素和辣椒素		亚盛集团	424
新疆	辣椒干、辣椒粉、辣椒酱、辣椒精、辣椒红素		隆平红安、晨光生物	312
湖南	辣椒酱、剁辣椒、泡辣椒、酸辣椒、油辣椒、辣椒干	辣妹子、坛坛香	绝味食品、隆平高科	1200
山东	辣椒干、辣椒粉			1614
四川	辣椒干、辣椒粉、泡椒、火锅底料、辣椒酱、辣椒红油、豆瓣酱、泡辣椒、复合调料	郫县豆瓣大红袍	天味食品	
重庆	辣椒干、泡椒、辣椒酱、红油豆瓣酱、火锅底料	红九九、德庄、桥头	德庄实业	400
山西	制干为主,兼顾辣椒粉和辣椒酱、辣椒油、辣椒素、辣椒红素			415
河北	辣椒干、辣椒粉、辣椒素	天下红	晨光生物	741
海南	辣椒干、辣椒酱		神农科技	

二、高辣辣椒新品种

GAOLA LAJIAO XINPINZHONG

近年来，三明市农业科学研究院以市场为导向，育成了一批具有自主知识产权的"三明明椒"系列高辣辣椒新品种，如高辣特色辣椒"明椒7号""明椒8号"等，高辣朝天椒"明椒9号""明椒10号"等，这些高辣辣椒新品种在福建省三明、南平、宁德、龙岩等高辣辣椒主产区种植，表现出产量高、辣度强、香味浓郁、风味独特等特点，被广泛应用于鲜食调味、制干、制酱、提取辣椒素和辣椒红素等，深受椒农和加工企业的欢迎，取得了较好的经济和社会效益。

（一）高辣特色辣椒

1. 明椒7号

"明椒7号"是三明市农业科学研究院自主选育的高辣特色辣椒一代杂交新品种，2014年获得福建省农作物品种认定证书（认定编号：闽认菜2014003），2017年获得农业部植物新品种权证书（品种权号：CNA20140006.4）。

  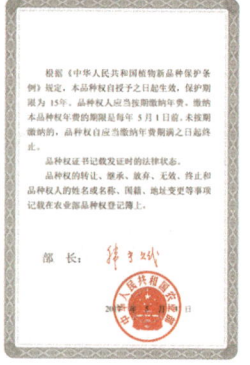

图2-1　品种认定证书　　　　图2-2　植物新品种权证书

（1）品种特性

商品果纵径 5.0 ～ 7.0cm，商品果横径 2.0 ～ 2.5cm，果肉厚 0.2cm 左右，果梗长 3.0 ～ 3.5cm，单果重 7 ～ 9g，果短锥形，果肩凸，果顶钝圆，青熟果绿色，老熟果红色，果面光滑、有棱沟、有光泽；果皮软、风味佳、果形美观、商品性好，适宜鲜食调味、制干、制酱等。

图 2-3　鲜椒

（2）品质特性

维生素 C 含量 216.72mg/100g、总糖含量 37.7g/100g、蛋白质含量 9.20g/100g、β-胡萝卜素含量 $1.23×10^4$μg/100g、粗纤维含量 20.6%、油脂含量 6.75g/100g、含水量 83.2%；二氢辣椒素含量 2.021g/kg、辣椒素含量 7.772g/kg、辣椒素总量 10.882g/kg、斯科维尔指数（SHU）167836。

图 2-4　干椒

图 2-5　品质测试报告

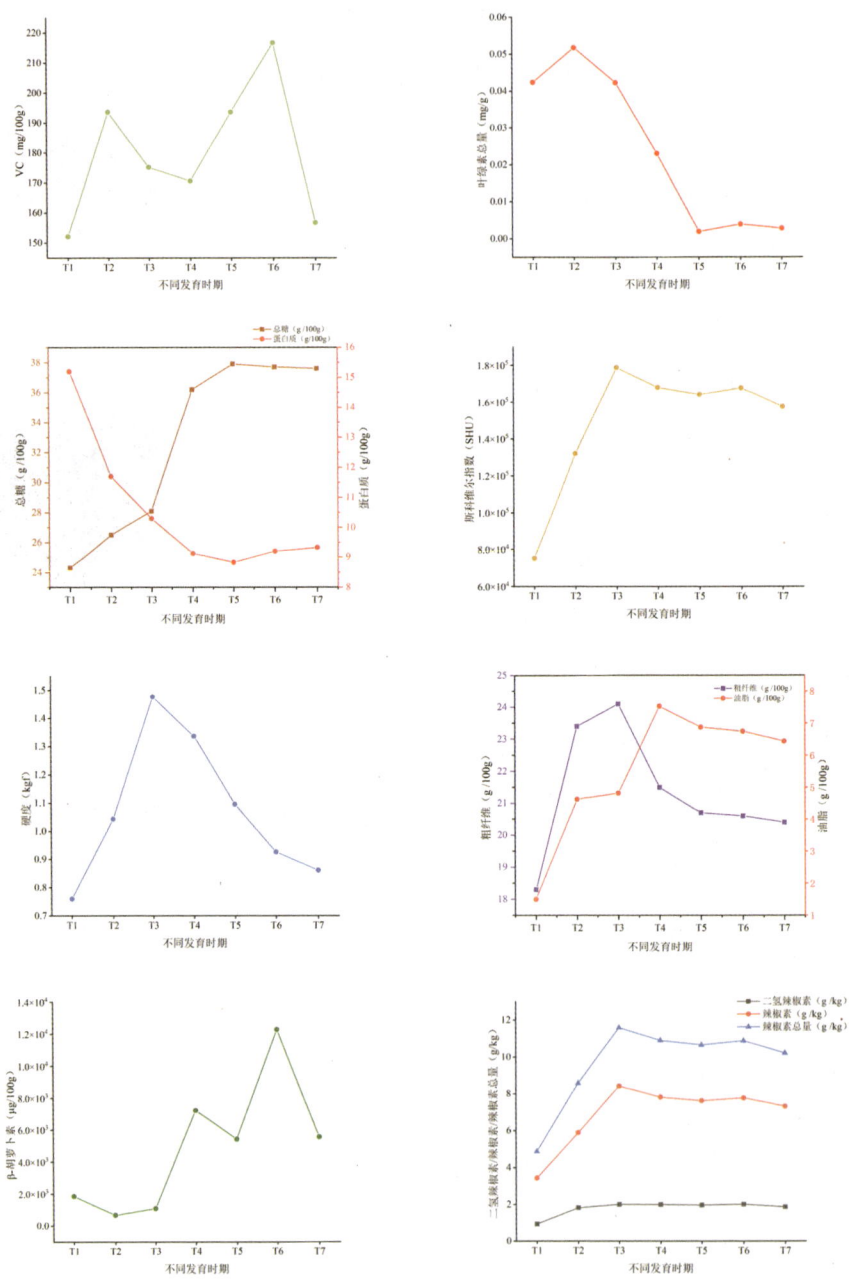

（3）果实发育过程品质变化

图 2-6　果实不同发育时期品质变化

T1   T2   T3   T4   T5   T6   T7

图 2-7　果实不同发育时期

2. 明椒 8 号

"明椒 8 号"是三明市农业科学研究院自主选育的高辣特色辣椒一代杂交新品种，2018 年获得农业农村部非主要农作物品种登记证书 [登记编号：GDP 辣椒（2018）350243]，2021 年获得农业农村部植物新品种权证书（品种权号：CNA20170414.7）。

图 2-8　品种登记证书

（1）品种特性

商品果纵径 5.0 ～ 6.5cm，商品果横径 2.5 ～ 2.8cm，果肉厚 0.2cm 左右，果梗长 2.5 ～ 3.0cm，单果重 5.5 ～ 7.5g，果短锥形，果肩凸，果顶钝圆，青熟果浅绿色，老熟果橙黄色，果面光滑、有棱沟、有光泽；果皮软、香味浓郁、果形美观、商品性好，适宜鲜食调味、制干、制酱等。

图 2-9　鲜椒

图 2-10　干椒

（2）品质特性

维生素 C 含量 147.55mg/100g 、总糖含量 32.4g/100g 、蛋白质含量 9.93g/100g 、 β- 胡萝卜素含量 $9.87×10^3$ μg/100g 、粗纤维含量 21.9% 、油脂含量 8.99g/100g 、含水量 79.8%；二氢辣椒素含量 2.172g/kg 、辣椒素含量 8.451g/kg 、辣椒素总量 11.803g/kg 、斯科维尔指数（SHU）182027。

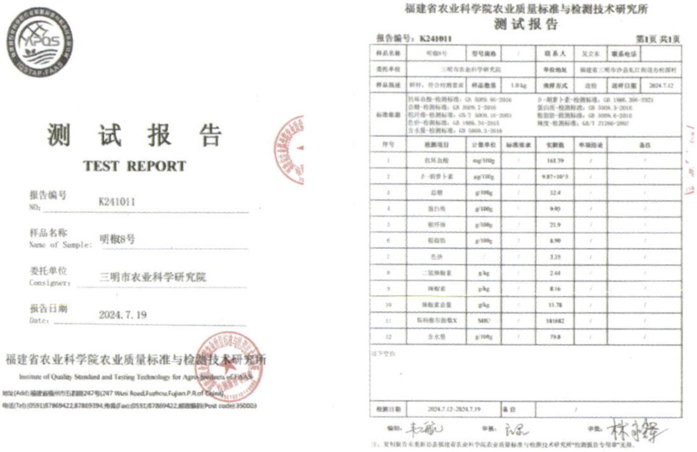

图 2-11　品质测试报告

（3）果实发育过程品质变化

图 2-12　果实不同发育时期

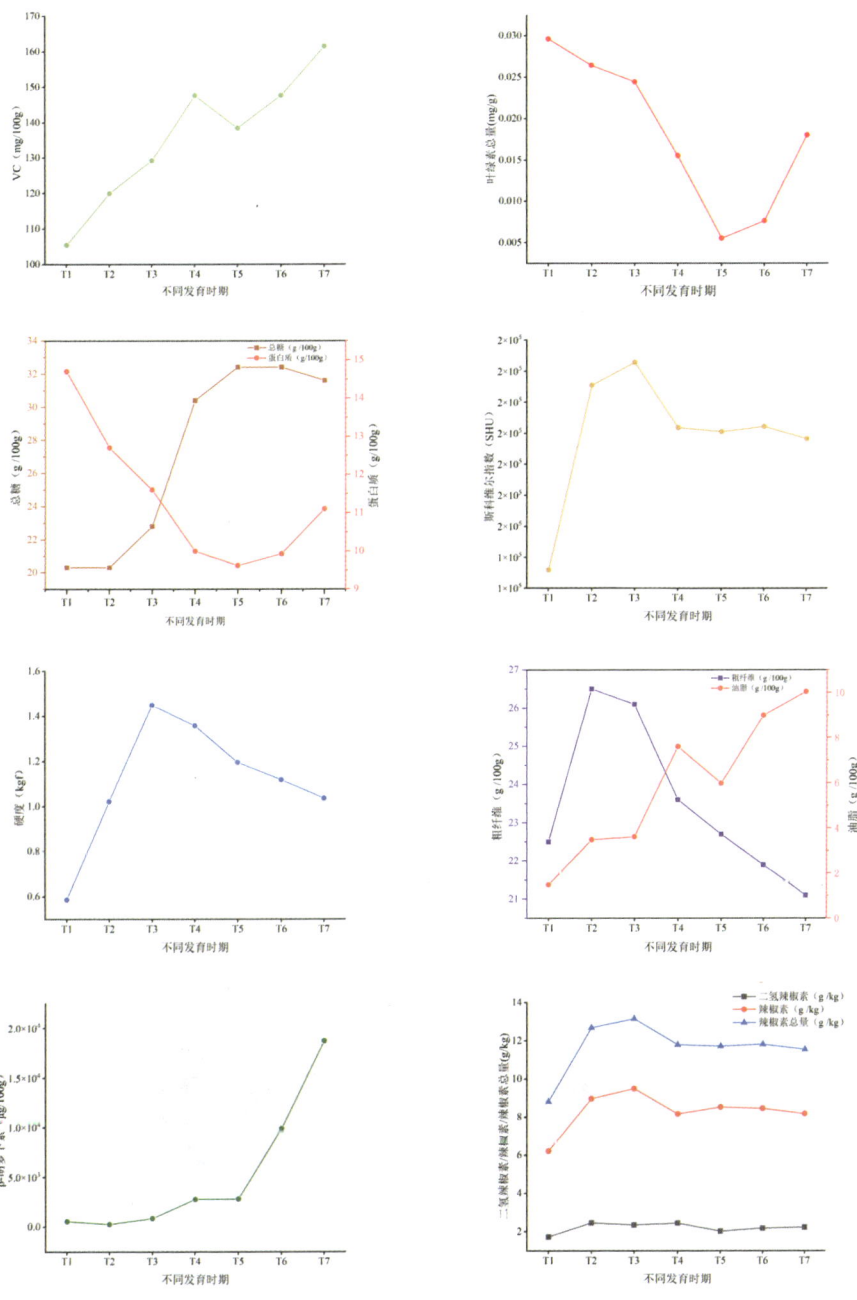

图 2-13　果实不同发育时期品质变化

（二）高辣朝天椒

1. 明椒 9 号

"明椒 9 号"是三明市农业科学研究院自主选育的具有福建特色的高辣朝天椒一代杂交新品种，2020 年获得农业农村部非主要农作物品种登记证书 [登记编号：GDP 辣椒（2019）350244]，2021 年获得农业农村部植物新品种权证书（品种权号：CNA20170415.6）。

图 2-14 品种登记证书

（1）品种特性

商品果纵径 6.0 ～ 8.0cm，商品果横径 2.0 ～ 2.5cm，果肉厚 0.15cm 左右，果柄长 2.5 ～ 3.0cm，单果重 7 ～ 10g，果短牛角形，果肩凸，果顶细尖，青熟果绿色，老熟果红色，果面光滑、无棱沟、有光泽；果皮油分含量高、香味浓郁、丰产性好、商品性佳，具备福建特色朝天椒特点，适宜制干、制酱等。

图 2-15 鲜椒

图 2-16 干椒

（2）品质特性

维生素 C 含量 134.43mg/100g、总糖含量 21.3g/100g、蛋白质含量 12.6g/100g、β-胡萝卜素含量 $1.01 \times 10^4 \mu g/100g$、粗纤维含量 25.6%、油脂含量 10.20g/100g、含水量 76.6%；二氢辣椒素含量 1.585g/kg、辣椒素含量 2.758g/kg、辣椒素总量 4.83g/kg、斯科维尔指数（SHU）74410。

图 2-17　品质测试报告

（3）果实发育过程品质变化

T1　　T2　　T3　　T4　　T5　　T6　　T7

图 2-18　果实不同发育时期

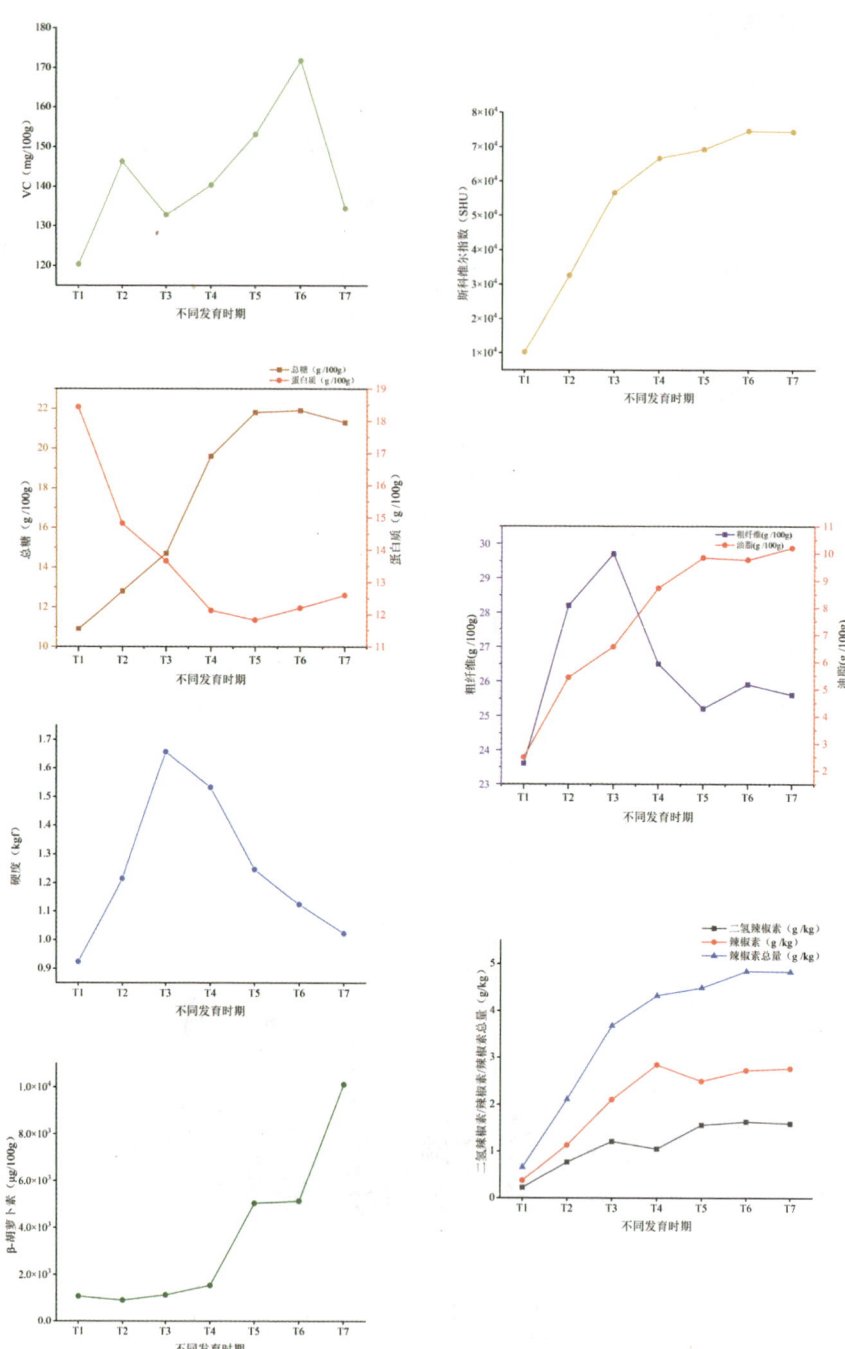

图 2-19 果实不同发育时期品质变化

2. 明椒 10 号

"明椒 10 号"是三明市农业科学研究院自主选育的具有福建特色的高辣朝天椒一代杂交新品种，2020 年获得农业农村部非主要农作物品种登记证书 [登记编号：GDP 辣椒（2019）350860]。

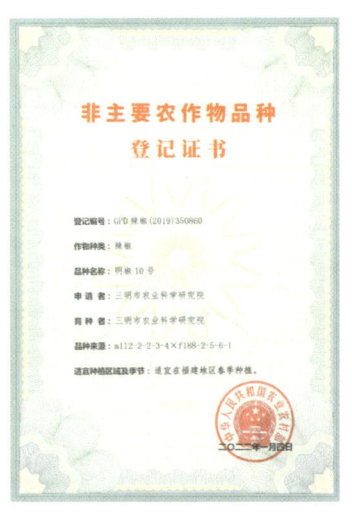

图 2-20　品种登记证书

（1）品种特性

商品果纵径 7.0 ～ 9.0cm，商品果横径 2.0cm 左右，果肉厚 0.15cm 左右，果柄长 2.8 ～ 3.0cm，单果重 7 ～ 10g，果短羊角形，果肩凸，果顶细尖，青熟果绿色，老熟果红色，果面光滑、无棱沟、有光泽；果皮油分含量高、香味浓郁、丰产性好、商品性佳，具备福建特色朝天椒特点，适宜制干、制酱等。

图 2-21　鲜椒

图 2-22　干椒

（2）品质特性

维生素 C 含量 126.43mg/100g 、总糖含量 21.6g/100g 、蛋白质含量 13.3g/100g 、β-胡萝卜素含量 $9.6 \times 10^3 \mu g/100g$ 、粗纤维含量 24.4% 、油

脂含量 8.70g/100g 、含水量 76.9%；二氢辣椒素含量 1.120g/kg 、辣椒素含量 2.690g/kg 、辣椒素总量 4.220g/kg 、斯科维尔指数（SHU）65109。

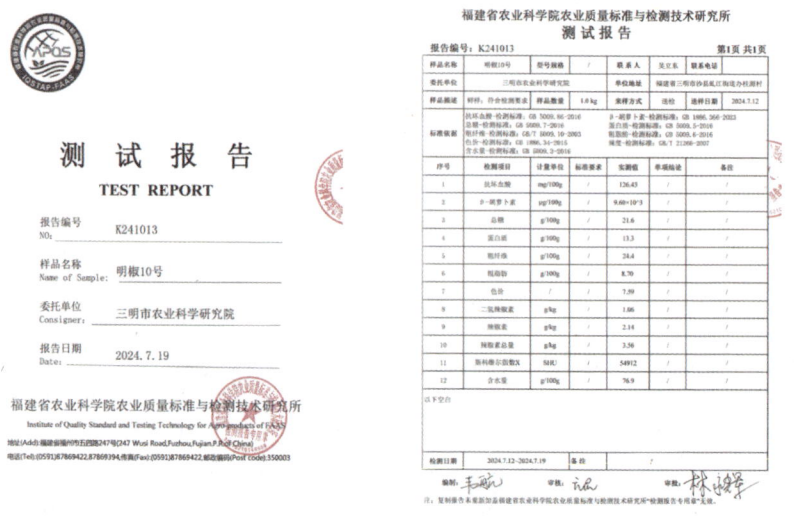

图 2-23　品质测试报告

（3）果实发育过程品质变化

图 2-24　果实不同发育时期

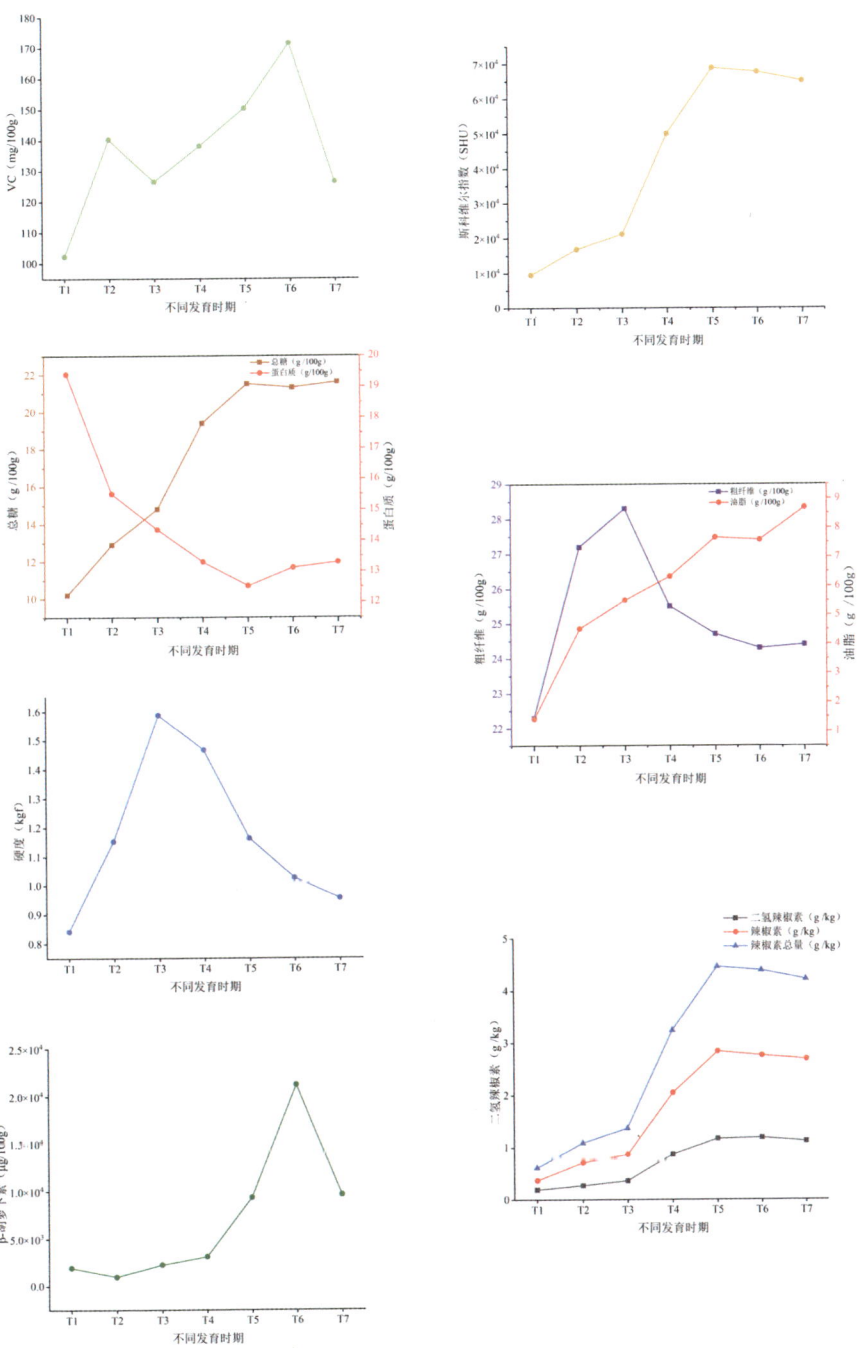

图 2-25　果实不同发育时期品质变化

3. 明椒 11 号

"明椒 11 号"是三明市农业科学研究院
自主选育的高辣朝天椒一代杂交新品种，2020
年获得农业农村部非主要农作物品种登记证书
[登记编号：GDP 辣椒（2019）350861]。

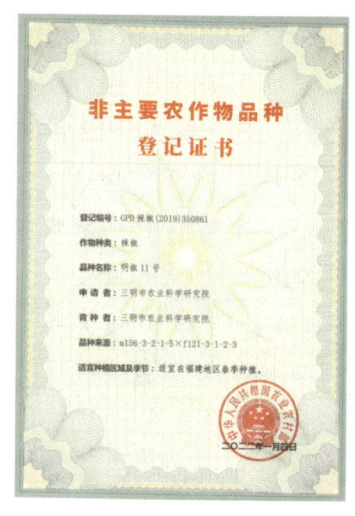

（1）品种特性

商品果纵径 7.0 ~ 9.0cm，商品果横径
2.0cm 左右，果肉厚 0.15cm 左右，果柄长
2.2 ~ 2.5cm，单果重 7 ~ 10g，果短牛角形，
果肩凸，果顶细尖，青熟果绿色，老熟果橙黄
色，果面光滑、无棱沟、有光泽；辣味强、香

图 2-26 品种登记证书

味浓郁、丰产性好、商品性佳，适宜鲜食调味、制干、制酱等。

图 2-27 鲜椒

图 2-28 干椒

（2）品质特性

维生素 C 含量 182.45mg/100g、总糖含量 28.7g/100g、蛋白质含量
10.4g/100g、β-胡萝卜素含量 $8.58×10^3$μg/100g、粗纤维含量 22.6%、油
脂含量 8.54g/100g、含水量 77.3%；二氢辣椒素含量 1.067g/kg、辣椒素含量
2.852g/kg、辣椒素总量 4.350g/kg、斯科维尔指数（SHU）67146。

福建省农业科学院农业质量标准与检测技术研究所

测试报告
TEST REPORT

报告编号
№: K241014

样品名称
Name of Sample: 明椒11号

委托单位
Consigner: 三明市农业科学研究院

报告日期
Date: 2024.7.19

福建省农业科学院农业质量标准与检测技术研究所
Institute of Quality Standard and Testing Technology for Agro-products of CAAS

地址(Add):福建省福州市五四路247号(247 Wusi Road,Fuzhou,Fujian,P.R.of China)
电话(Tel):0591/87869422,87869354,传真(Fax):0591/87869422,邮政编码(Post code):350003

福建省农业科学院农业质量标准与检测技术研究所

测试报告

报告编号：K241014   第1页 共1页

图 2-29 品质测试报告

（3）果实发育过程品质变化

图 2-30 果实不同发育时期

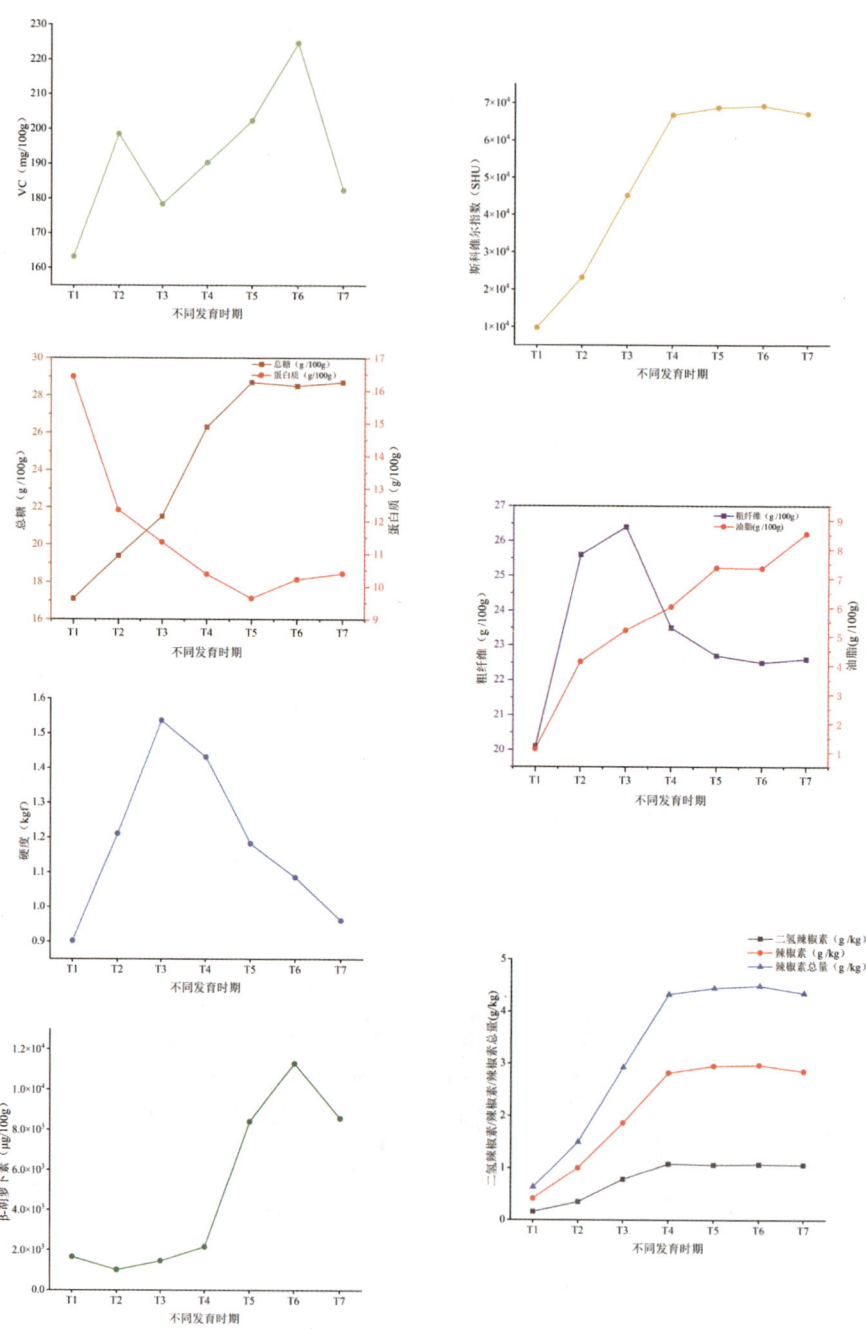

图 2-31　果实不同发育时期品质变化

4. 明椒 12 号

"明椒 12 号"是三明市农业科学研究院自主选育的高辣朝天椒一代杂交新品种，2020年获得农业农村部非主要农作物品种登记证书[登记编号：GDP辣椒（2019）350862]。

图 2-32　品种登记证书

（1）品种特性

商品果纵径 7.0 ~ 9.0cm，商品果横径 1.8cm，果肉厚 0.15cm 左右，果柄长 2.5cm 左右，单果重 7 ~ 10g，果短羊角形，无果肩，果顶细尖，青熟果绿色，老熟果红色，果面光滑、无棱沟、有光泽；果实香味浓郁、丰产性好、商品性佳，适宜鲜食、制干、制酱等。

图 2-33　鲜椒

图 2-34　干椒

（2）品质特性

维生素 C 含量 112.76mg/100g、总糖含量 23.4g/100g、蛋白质含量 12.9g/100g、β-胡萝卜素含量 $1.12 \times 10^4 \mu g/100g$、粗纤维含量 25.2%、油脂含量 9.32g/100g、含水量 75.2%；二氢辣椒素含量 1.156g/kg、辣椒素含量 2.866g/kg、辣椒素总量 4.470g/kg、斯科维尔指数（SHU）68910。

测 试 报 告

TEST REPORT

报告编号
NO: K241015

样品名称
Name of Sample: 明椒12号

委托单位
Consigner: 三明市农业科学研究院

报告日期
Date: 2024.7.19

福建省农业科学院农业质量标准与检测技术研究所
Institute of Quality Standard and Testing Technology for Agri-products of FAAS
地址(Add):福建省福州市五四路247号(247 Wusi Road,Fuzhou,Fujian,P.R.of China)
电话(Tel):(0591)87869422,87869394,传真(Fax):(0591)87869422,邮政编码(Post code):350003

福建省农业科学院农业质量标准与检测技术研究所
测 试 报 告

报告编号：K241015　　　　　　　　　　第1页 共1页

样品名称	明椒12号	型号规格	/	联系人	吴立东	联系电话	/
委托单位	三明市农业科学研究院			单位地址	福建省三明市沙县虬江街道办柱源村		
样品描述	鲜样，符合检测要求		样品数量	1.0 kg	来样方式	送检	采样日期	2024.7.12

标准依据：抗坏血酸-检测标准：GB 5009.86-2016　　　　　粗脂肪-检测标准：GB 5009.6-2016
热价-检测标准：GB 1886.34-2015　　　　　辣度-检测标准：GB/T 21266-2007
含水量-检测标准：GB 5009.3-2016

序号	检测项目	计量单位	标准要求	实测值	单项结论	备注
1	抗坏血酸	mg/100g		112.76		
2	粗脂肪	g/100g		9.32		
3	色价			8.93		
4	二氢辣椒素	g/kg		1.16		
5	辣椒素	g/kg		2.87		
6	辣椒素总量	g/kg		4.47		
7	斯科维尔指数X	SHU		68910		
8	含水量	g/100g		75.2		

以下空白

检测日期	2024.7.12-2024.7.19	备注	/

编制：　　　　　　审核：　　　　　　审批：

注：复制报告未重新加盖福建省农业科学院农业质量标准与检测技术研究所"检测报告专用章"无效。

图 2-35　品质测试报告

（3）果实发育过程品质变化

T1　T2　T3　T4　T5　T6　T7

图 2-36　果实不同发育时期

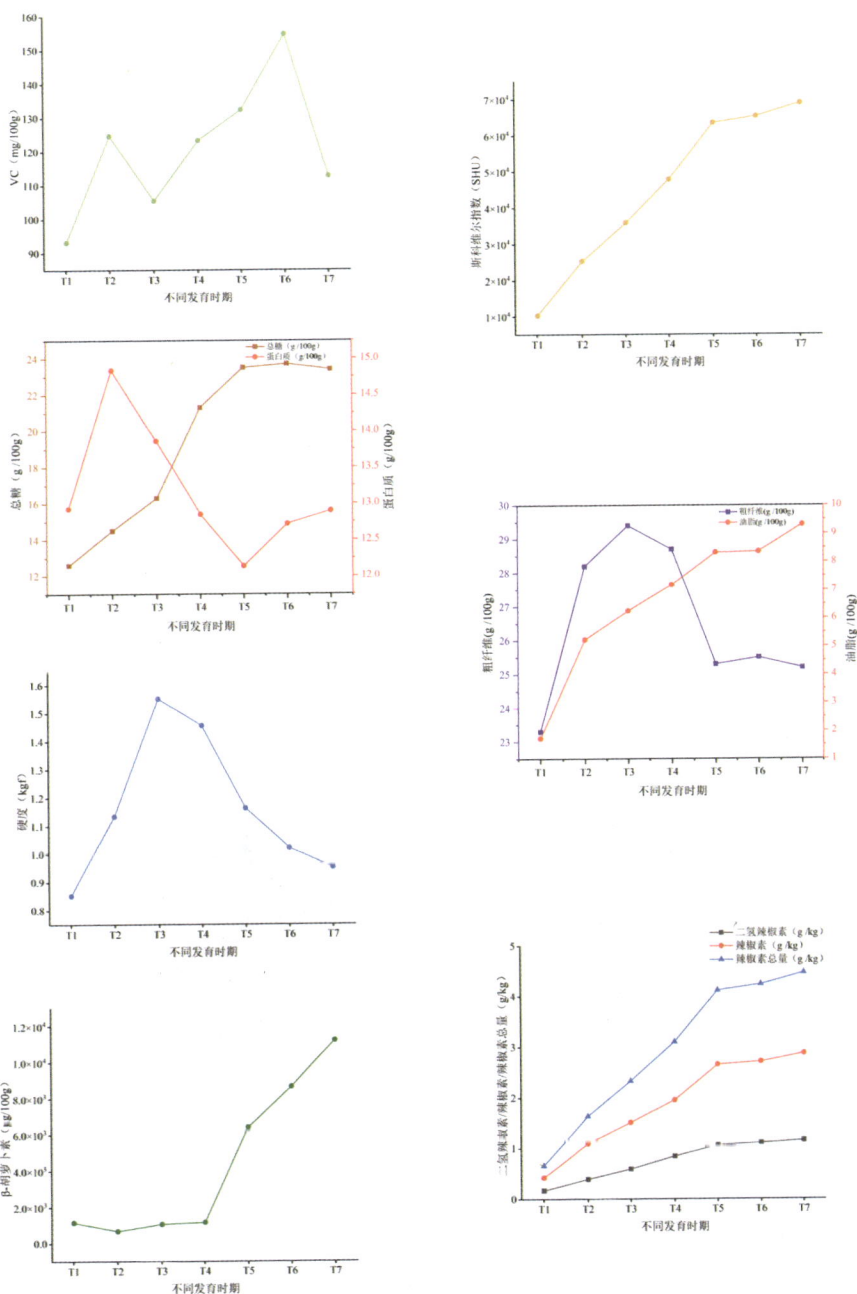

图 2-37　果实不同发育时期品质变化

5. 明椒 118

"明椒118"是三明市农业科学研究院最新选育的具有福建特色的高辣朝天椒三系杂交新品种，2024年获得农业农村部非主要农作物品种登记证书 [登记编号：GDP 辣椒（2024）350447]。

图 2-38　品种登记证书

（1）品种特性

商品果纵径 8.0 ~ 10.0cm，商品果横径 1.8cm 左右，果肉厚 0.16cm 左右，果柄长 3.5cm 左右，单果重 7 ~ 10g，果长指形，果肩凸，果顶细尖，青熟果绿色，老熟果红色，果面光滑、无棱沟、有光泽；果皮油分含量高、香味浓郁、丰产性好、商品性佳，具备福建特色朝天椒特点，适宜制干、制酱等。

图 2-39　鲜椒

图 2-40　干椒

（2）品质特性

油脂含量 9.32g/100g，色价 10.06，二氢辣椒素含量 1.44g/kg、辣椒素含量 3.91g/kg、辣椒素总量 5.94g/kg、斯科维尔指数（SHU）91642，含水量 78.12%。

图 2-41　品质检测报告

6. 明椒 218

"明椒 218"是三明市农业科学研究院最新选育的具有福建特色的高辣朝天椒三系杂交新品种。2024 年获得农业农村部非主要农作物品种登记证书 [登记编号：GDP 辣椒（2024）350446]。

（1）品种特性

商品果纵径 8.0 ~ 10.0cm，商品果横径 1.8cm 左右，果肉厚 0.15cm 左右，果梗长 3.5cm 左右，单果重 8g 左右，果长指形，果肩凸，果顶细尖，青熟果绿色，老熟果红色，果

图 2-42　品种登记证书

面光滑、无棱沟、有光泽；果皮油分含量高、香味浓郁、丰产性好、商品性佳，具备福建特色朝天椒特点，适宜制干、制酱等。

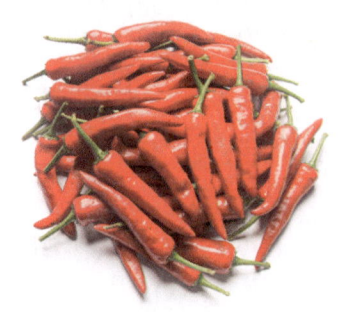

图 2-43　鲜椒

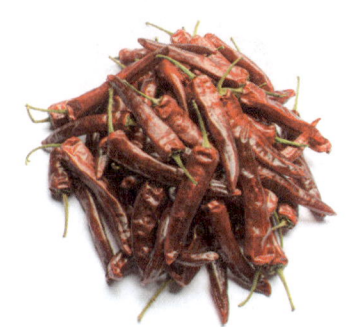

图 2-44　干椒

（2）品质特性

油脂含量 9.01g/100g，色价 10.34，二氢辣椒素含量 1.21g/kg 、辣椒素含量 2.56g/kg 、辣椒素总量 4.19g/kg 、斯科维尔指数（SHU）64617，含水量 76.89%。

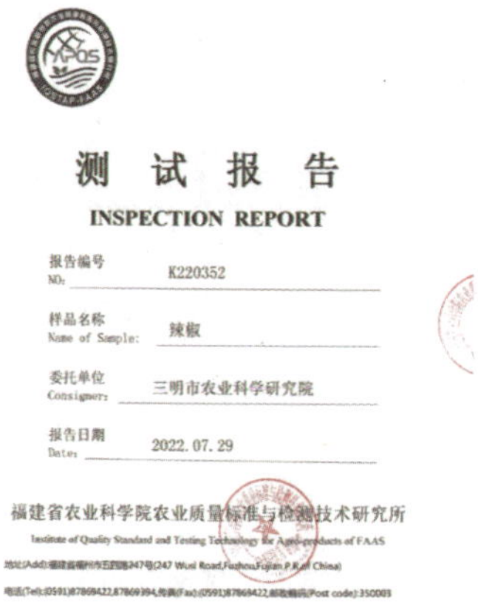

测　试　报　告

INSPECTION REPORT

报告编号 NO: K220352

样品名称 Name of Sample: 辣椒

委托单位 Consigner: 三明市农业科学研究院

报告日期 Date: 2022. 07. 29

福建省农业科学院农业质量标准与检测技术研究所

Institute of Quality Standard and Testing Technology for Agro-products of FAAS

地址(Add):福建省福州市五四路247号(247 Wusi Road,Fuzhou,Fujian,P.R.of China)

电话(Tel):(0591)87869422,87869394,传真(Fax):(0591)87869422,邮政编码(Post code):350003

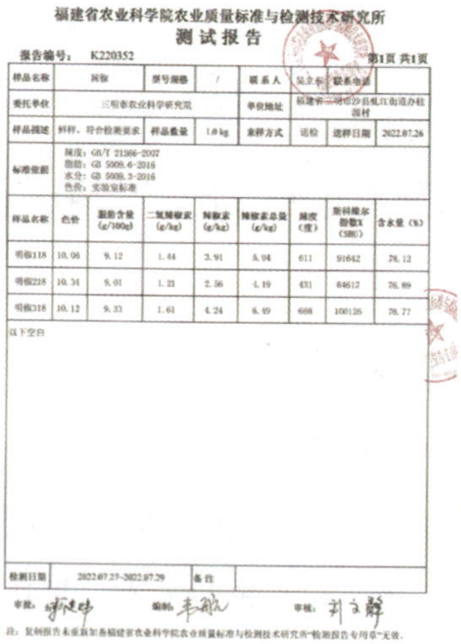

福建省农业科学院农业质量标准与检测技术研究所

测 试 报 告

报告编号： K220352　　　　第1页 共1页

样品名称	色价	脂肪含量 (g/100g)	二氢辣椒素 (g/kg)	辣椒素 (g/kg)	辣椒素总量 (g/kg)	辣度 (度)	斯科维尔指数X (SHU)	含水量 (%)
明椒118	10.06	9.12	1.44	3.91	5.94	611	91642	78.12
明椒218	10.34	9.01	1.21	2.56	4.19	431	64612	76.89
明椒318	10.12	9.33	1.61	4.24	6.49	668	100126	78.77

以下空白

检测日期 2022.07.27-2022.07.29　备注

图 2-45　品质测试报告

7. 明椒 318

"明椒 318"是三明市农业科学研究院最新选育的具有福建特色的高辣朝天椒杂交新品种。2024 年获得农业农村部非主要农作物品种登记证书 [登记编号：GDP 辣椒（2024）350445]。

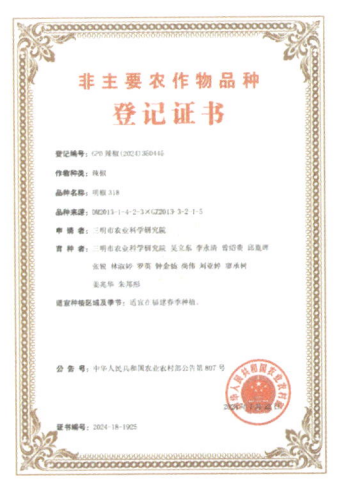

图 2-46　品种登记证书

（1）品种特性

商品果纵径 8.0 ～ 11.0cm，商品果横径 1.8cm 左右，果肉厚 0.18cm 左右，果柄长 3.0cm 左右，单果重 8 ～ 12g，果长指形，果肩凸，果顶细尖，青熟果绿色，老熟果红色，果面光滑、无棱沟、有光泽；果皮油分含量高、香味浓郁、丰产性好、商品性佳，具备福建特色朝天椒特点，适宜制干、制酱等。

图 2-47　鲜椒

图 2-48　干椒

（2）品质特性

油脂含量 9.33g/100g，色价 10.12，二氢辣椒素含量 1.61g/kg 、辣椒素含量 4.24g/kg 、辣椒素总量 6.94g/kg 、斯科维尔指数（SHU）100126，含水量 76.77%。

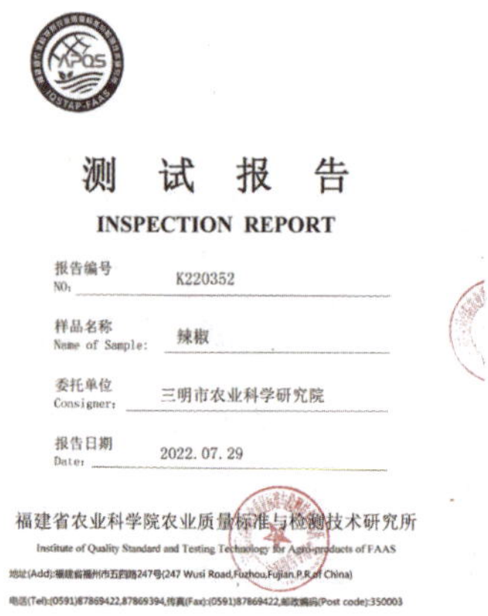

测　试　报　告

INSPECTION REPORT

报告编号 NO: K220352

样品名称 Name of Sample: 辣椒

委托单位 Consigner: 三明市农业科学研究院

报告日期 Date: 2022. 07. 29

福建省农业科学院农业质量标准与检测技术研究所

Institute of Quality Standard and Testing Technology for Agro-products of FAAS

地址(Add):福建省福州市五四路247号(247 Wusi Road,Fuzhou,Fujian,P.R.of China)

电话(Tel):(0591)87869422,87869394,传真(Fax):(0591)87869422,邮政编码(Post code):350003

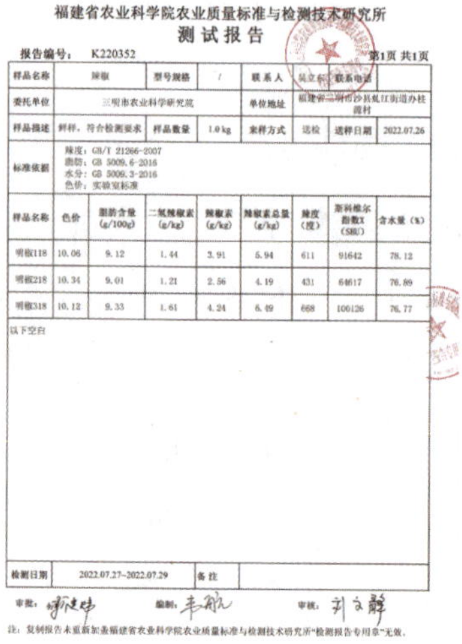

福建省农业科学院农业质量标准与检测技术研究所

测 试 报 告

报告编号： K220352　　第1页 共1页

样品名称	辣椒	型号规格	/	联系人	吴立标	联系电话	
委托单位	三明市农业科学研究院			单位地址	福建省三明市沙县虬江街道办桂园村		
样品描述	鲜样，符合检测要求	样品数量	1.0 kg	来样方式	送检	送样日期	2022.07.26
标准依据	辣度：GB/T 21266-2007 脂肪：GB 5009.6-2016 水分：GB 5009.3-2016 色价：实验室标准						

样品名称	色价	脂肪含量 (g/100g)	二氢辣椒素 (g/kg)	辣椒素 (g/kg)	辣椒素总量 (g/kg)	辣度 (度)	斯科维尔指数X (SHU)	含水量 (%)
明椒118	10.06	9.12	1.44	3.91	5.94	611	91642	78.12
明椒218	10.34	9.01	1.21	2.56	4.19	431	64617	76.89
明椒318	10.12	9.33	1.61	4.24	6.49	668	100126	76.77

以下空白

检测日期	2022.07.27~2022.07.29	备注	

审批：　　编制：　　审核：

注：复制报告未重新加盖福建省农业科学院农业质量标准与检测技术研究所"检测报告专用章"无效。

图 2-49　品质测试报告

三、高辣辣椒保鲜技术研究

GAOLA LAJIAO BAOXIAN
JISHU YANJIU

高辣辣椒以采收老熟果实为主，采摘上市时间较集中，生产的季节性与消费的周年性之间的矛盾较为突出，旺季时供过于求，淡季时供不应求。同时，高辣辣椒从田间采收到采后商品化处理的各个阶段都可造成辣椒的损耗，其采后贮藏过程中极易发生腐烂变质，高辣辣椒的保鲜与加工就变得十分重要。为此，我们以高辣特色辣椒"明椒7号""明椒8号"和高辣朝天椒"明椒9号""明椒10号"为例，以25℃为对照，开展不同温度条件、气调条件对高辣辣椒理化品质的影响，以期为高辣辣椒的贮藏保鲜提供参考。

（一）不同温度条件对高辣辣椒（鲜椒）理化品质的影响

1. 不同温度条件对高辣特色辣椒理化品质的影响

（1）不同温度条件对高辣特色辣椒"明椒7号"理化品质的影响

①不同贮藏温度对"明椒7号"外观品质的影响

随着贮藏时间的延长，"明椒7号"果实颜色逐渐变为暗红色甚至发黑，出现果实皱缩、发霉、腐烂、褐变等现象。在5℃及10℃低温贮藏条件下，

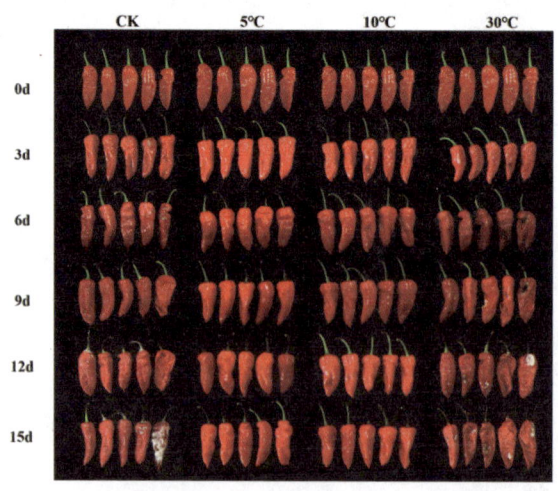

图 3-1　不同贮藏温度下"明椒7号"外观品质的变化

均可以推迟采后辣椒变暗，但5℃的辣椒随贮藏延长，开始出现冷害症状，果实皱缩变暗。30℃高温贮藏条件下则加速了采后辣椒果实转暗进程。综上，10℃低温贮藏可提高采后辣椒果实贮藏特性，较好地保持"明椒7号"的外观特性。

②不同贮藏温度对"明椒7号"硬度的影响

不同贮藏温度对"明椒7号"果实硬度的影响结果如图3-2所示，在贮藏期间"明椒7号"果实的硬度呈不断下降趋势。与对照组相比，5℃和10℃贮藏温度下的辣椒果实硬度呈较高水平，5℃与10℃贮藏组，在第15d时仍分别达到50.34N和42.43N，而对照组在第9d时就仅为40.11N。与对照组相比，30℃贮藏温

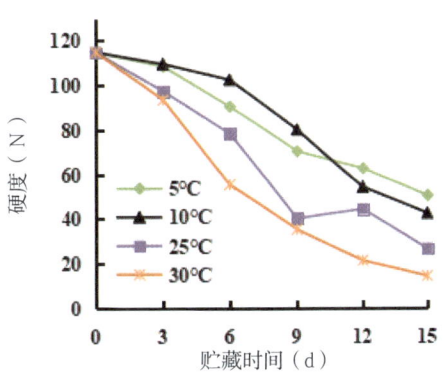

图3-2　不同贮藏温度对"明椒7号"果实硬度的影响

度下的辣椒果实软化更为严重，贮藏期间硬度始终处于较低水平，15d时为14.35N。综上，"明椒7号"在较低的贮藏温度条件下能够较好地保持果实的硬度，较高温度下贮藏会加快果实的软化。

③不同贮藏温度对"明椒7号"色泽变化的影响

不同贮藏温度对"明椒7号"外果皮 a^*、b^*、L^* 值的影响结果如图3-3至图3-5所示（a^*值为色度中的红绿色差指标，正值越大，红色越深；b^*值表示黄蓝度，正值越大，黄色越深；L^*值表示光泽的明亮度，L^*值越大，亮度越高），贮藏期间，外果皮 a^* 值总体呈下降趋势，5℃与10℃下的 a^* 值相比对照呈较高水平；30℃贮藏组在前6d与对照组相近，而后处于较低水平；相比对照组，10℃下的果皮 b^* 值贮藏期间都呈较高水平，5℃贮藏组在12d

之前都处于较高水平，而后与对照组接近，30℃贮藏组在贮藏前期与对照组 b^* 值接近，随后整体处于较低水平；不同处理组果皮 L^* 值都呈不断下降的趋势；与25℃对照组相比较，10℃下的果皮 L^* 值始终保持较高水平，5℃下 L^*

值在前6d左右处于较高水平，第6d过后都与对照组较为接近，考虑在5℃的贮藏温度下果实出现冷害褐变颜色变暗；30℃下贮藏组在前3d与对照组接近，第6d过后呈较低水平。结果显示，在10℃的低温条件下，相比其他贮藏组"明椒7号"果实的外观色泽相对最佳。

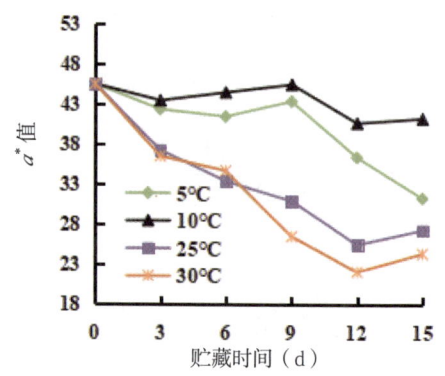

图 3-3　不同贮藏温度对"明椒7号"外果皮 a^* 值的影响

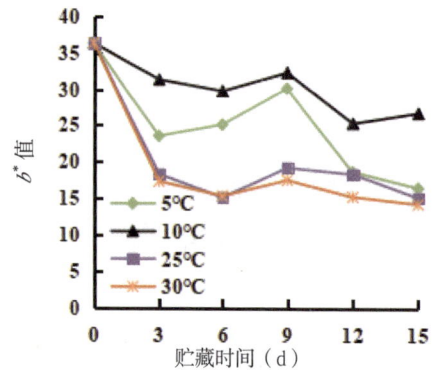

图 3-4　不同贮藏温度对"明椒7号"外果皮 b^* 值的影响

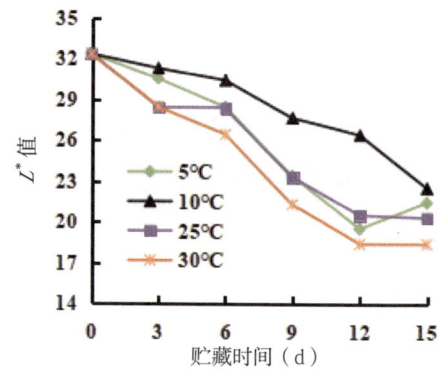

图 3-5　不同贮藏温度对"明椒7号"外果皮 L^* 值的影响

④不同贮藏温度对"明椒7号"腐烂指数的影响

不同贮藏温度对"明椒7号"腐烂指数的影响结果如图3-6所示，随着贮藏时间的延长，果实腐烂指数均呈不断上升的趋势，温度越高，果实的腐烂指数越高。与对照组相比，贮藏温度为5℃和10℃的辣椒果实呈较低水平，10℃最低，5℃次之，在第15d时仍只有0.13和0.22；30℃贮藏组在第6d后开始迅速升高，第 9d 和第 12d 分别达到 0.48 和 0.49，第 15d 时为 0.70。说明较低的贮藏温度能延缓"明椒 7 号"腐烂败坏，较高的贮藏温度则会加快腐败。

⑤不同贮藏温度对"明椒 7 号"商品率和失重率的影响

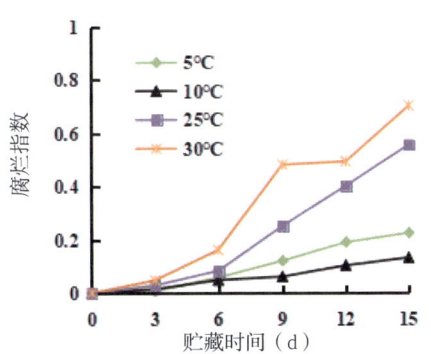

图 3-6　不同贮藏温度对"明椒 7 号"腐烂指数的影响

不同贮藏温度对"明椒 7 号"商品率和失重率的影响结果如图 3-7、图 3-8 所示，贮藏期间"明椒 7 号"果实商品率不断下降，温度越高，下降越快。相比对照组，其中 5℃ 和 10℃ 贮藏组整体下降较为缓慢，呈相对较高水平，第 15d 时 10℃ 下的果实商品率仍在 70% 以上，而 30℃ 贮藏组始终呈相对较低水平，在第 15d 时果实基本败坏。贮藏期间，辣椒果实失重率不断上升，温度越高失水越严重。与对照组相比，5℃ 和 10℃ 下的失重率呈较低水平，两者失重率接近，10℃ 略低；而 30℃ 贮藏组相比对照组失重率呈较高水平。结果表明，较低的贮藏温度能使"明椒 7 号"果实在贮藏期间保持较高的含水量和商品率，较高的贮藏温度则相反。

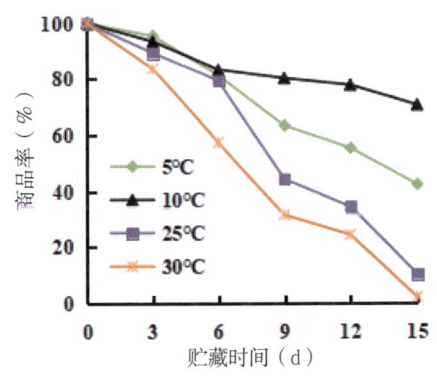

图 3-7　不同贮藏温度对"明椒 7 号"商品率的影响

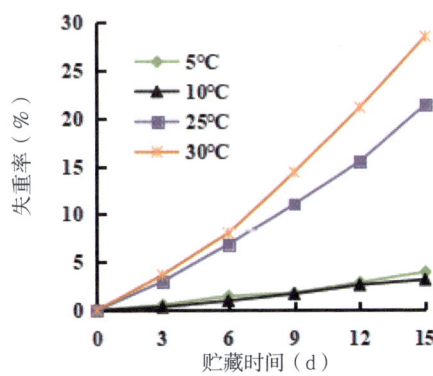

图 3-8　不同贮藏温度对"明椒 7 号"失重率的影响

⑥不同贮藏温度对"明椒7号"呼吸强度的影响

不同贮藏温度对"明椒7号"果实呼吸强度的影响结果如图3-9所示，5℃和10℃贮藏温度下的辣椒果实呼吸强度都呈先上升后下降的趋势，两者接近，与对照相比呈较低水平，在贮藏第9d时都出现了呼吸高峰，分别为142.95、133.55mgCO₂/（h·kg）。30℃贮藏组在贮藏期间

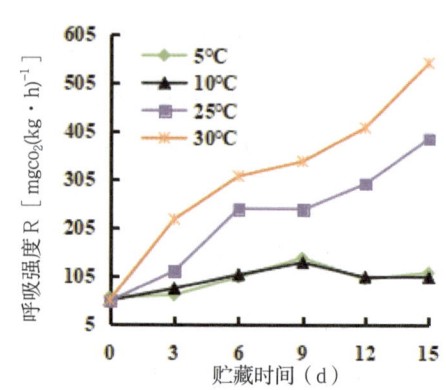

图3-9 不同贮藏温度对"明椒7号"果实呼吸强度的影响

果实呼吸强度不断升高，相比于对照组，30℃贮藏温度下的果实呼吸强度始终保持在较高水平。结果表明，低温贮藏能有效降低"明椒7号"果实贮藏期间的呼吸强度，而较高的贮藏温度会使呼吸作用加强。

⑦不同贮藏温度对"明椒7号"细胞膜透性的影响

不同贮藏温度对"明椒7号"果实细胞膜透性的影响结果如图3-10所示，在贮藏期间，不同贮藏温度下的"明椒7号"辣椒果实细胞膜透性整体都呈上升趋势。与对照组相比，5℃贮藏组在第3d之前低于对照组，第3d后迅速升高，第6d时处于较高水平，考虑是由于在低温条件下辣椒

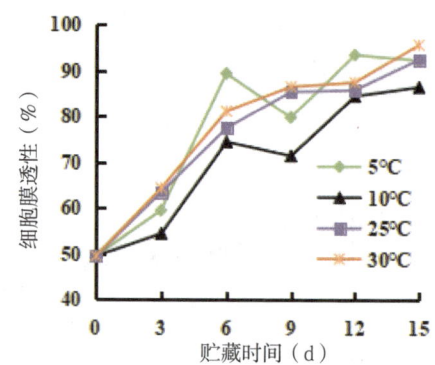

图3-10 不同贮藏温度对"明椒7号"果实细胞膜透性的影响

果实发生冷害，膜透性增加。与对照组相比，10℃贮藏组始终处于较低水平，30℃贮藏组维持在较高水平。在贮藏第9d后对照组与30℃贮藏组辣椒果实细胞膜透性都已达到85%以上，可能是因为果实败坏，细胞膜破坏。结果表

明，相比于其他组，在贮藏温度为 10℃ 的条件下，能相对延缓"明椒 7 号"辣椒果实膜结构的破坏。

⑧不同贮藏温度对"明椒 7 号"可溶性固形物（TSS）含量的影响

不同贮藏温度对"明椒 7 号"果实可溶性固形物含量的影响结果如图 3-11 所示，不同处理组辣椒果实 TSS 含量随贮藏时间延长都呈逐步下降趋势，对照组相比于 5℃ 与 10℃ 下的贮藏组 TSS 含量始终呈较低水平，其中 10℃ 下 TSS 含量最高，5℃ 次之。而贮藏过程中 30℃ 贮藏组与对照组 TSS 含量始终较为接近。

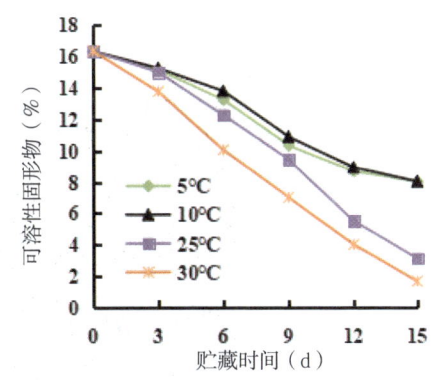

图 3-11　不同贮藏温度对"明椒 7 号"果实可溶性固形物含量的影响

结果表明，较低的贮藏温度能保持辣椒果实的 TSS 含量，延缓 TSS 含量的流失，随时间延长，辣椒果实的 TSS 含量在较高的贮藏温度下相对较低，贮藏品质下降。

综上所述，"明椒 7 号"在 5℃、10℃、25℃ 及 30℃ 温度下贮藏品质的变化结果表明：25℃（对照组）及 30℃ 温度下贮藏的明椒 7 号在贮藏约 6d 后辣椒果实的品质开始迅速下降，15d 时果实基本腐烂，失去商品价值。而 5℃ 与 10℃ 温度下贮藏的"明椒 7 号"辣椒果实相比对照组能更好地贮藏，其中 10℃ 整体而言是所有贮藏组中保鲜效果最优的贮藏温度，在贮藏第 15d 时其商品率仍能达到 70% 以上。

（2）不同温度条件对高辣特色辣椒"明椒 8 号"理化品质的影响

①不同贮藏温度对"明椒 8 号"外观品质的影响

不同贮藏温度对"明椒 8 号"外观品质的影响如图 3-12 所示，贮藏时间延长，"明椒 8 号"果实颜色逐渐变深变暗，出现部分褐变、皱缩、腐烂的现象。在5℃及10℃的低温贮藏条件下，均能一定程度上减缓这些症状的发生，但5℃的辣椒随贮藏时间延长果实皱缩凹陷加重。30℃高温贮藏条件下则加速了果实腐烂进程。结果表明，10℃低温贮藏最能保持"明椒8号"的外观特性。

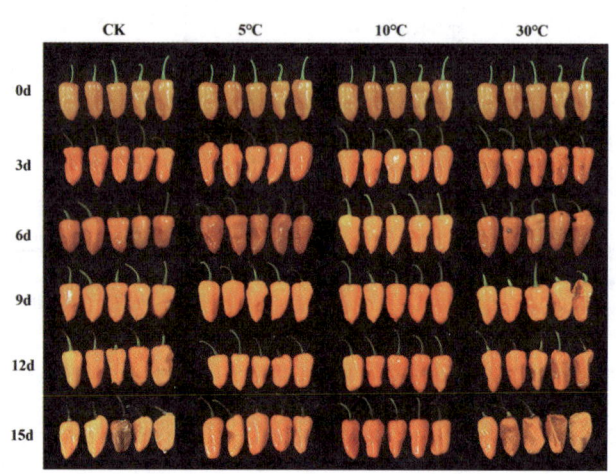

图3-12　不同贮藏温度下"明椒8号"外观品质的变化

②不同贮藏温度对"明椒8号"硬度的影响

不同贮藏温度对"明椒8号"果实硬度的影响结果如图3-13所示，随着贮藏时间的延长"明椒8号"果实不断软化。与对照组相比，5℃和10℃贮藏温度下的辣椒果实硬度始终处于较高水平，其中5℃贮藏组与10℃贮藏组的硬度较为接近，在第15d时都达到50N以上，而对照组在第15d时仅为43.65N。其他贮

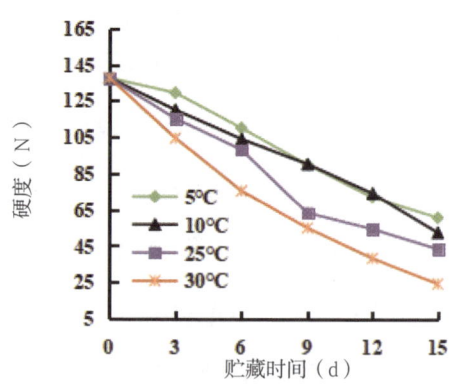

图3-13　不同贮藏温度对"明椒8号"果实硬度的影响

藏条件相同的情况下，30℃下的"明椒8号"果实软化更为严重，15d时为

24.46N。综上所述，"明椒8号"果实在较低的贮藏温度条件下能够较好地保持果实的硬度，而在较高温度下果实硬度较低。

③不同贮藏温度对"明椒8号"色泽变化的影响

不同贮藏温度对"明椒8号"外果皮 a^* 值的影响结果如图3-14至图3-16所示（a^* 值为色度中的红绿色差指标，正值越大，红色越深；b^* 值表示黄蓝度，正值越大，黄色越深；L^* 值表示光泽的明亮度，L^* 值越大，亮度越高），贮藏期间，相比对照组，5℃与10℃的"明椒8号"果实 a^* 值整体处于更高水平，30℃贮藏组整体低于对照组；相比对照组，5℃与10℃的明椒8号果实 b^* 值整体处于更高水平，30℃贮藏组整体与对照组接近；相比对照组，10℃的明椒8号果实 L^* 值整体处于更高水平，5℃与30℃贮藏组的明椒8号果实整体接近于对照组的 L^* 值。结果显示，在10℃的低温贮藏条件下，"明椒8号"辣椒果实能保持较好的外观色泽。

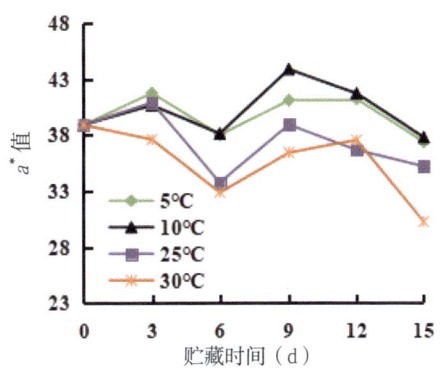

图3-14 不同贮藏温度对"明椒8号"外果皮 a^* 值的影响

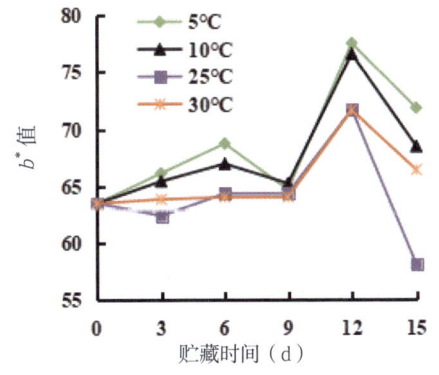

图3-15 不同贮藏温度对"明椒8号"外果皮 b^* 值的影响

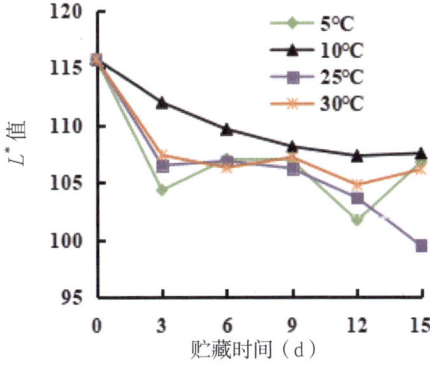

图3-16 不同贮藏温度对"明椒8号"外果皮 L^* 值的影响

④不同贮藏温度对"明椒8号"腐烂指数的影响

不同贮藏温度对"明椒8号"腐烂指数的影响结果如图3-17所示，随着贮藏时间的延长，"明椒8号"果实的腐烂指数均呈不断上升的趋势。与对照组相比，贮藏温度为5℃和10℃的辣椒果实都处于较低水平，10℃最低，5℃次之，在第15d时仍只有0.11和0.20；30℃贮藏组在第6d后迅速升高，第12d时达到0.45，

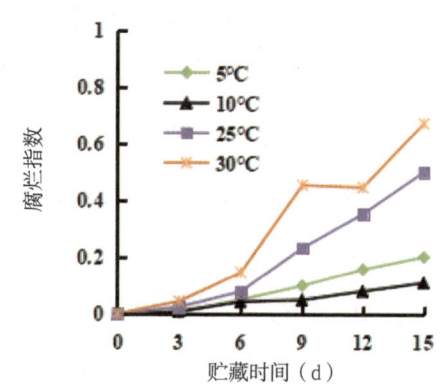

图3-17　不同贮藏温度对"明椒8号"腐烂指数的影响

第15d时约为0.67。综上，较低的贮藏温度能延缓"明椒8号"果实的腐烂，较高的贮藏温度会加速果实腐烂。

⑤不同贮藏温度对"明椒8号"商品率和失重率的影响

不同贮藏温度对"明椒8号"商品率和失重率的影响结果如图3-18、图3-19所示，辣椒果实商品率在贮藏期间呈现不断下降的趋势，贮藏温度越高，商品率下降速度越快。相比对照组，其中5℃和10℃贮藏组贮藏期间始

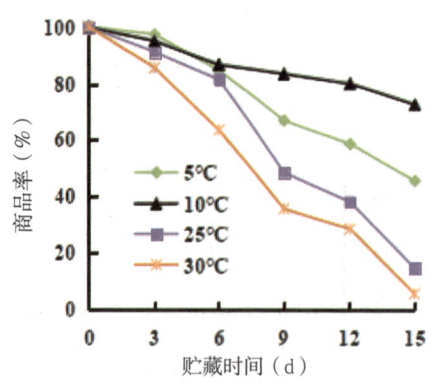

图3-18　不同贮藏温度对"明椒8号"商品率的影响

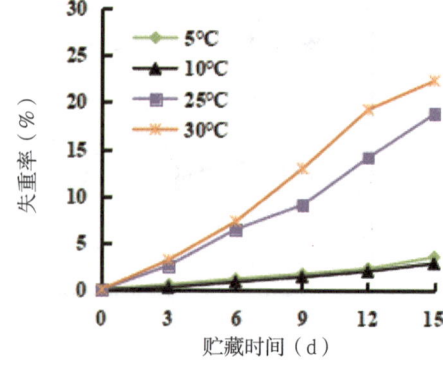

图3-19　不同贮藏温度对"明椒8号"失重率的影响

终呈相对较高水平，第15d时10℃下的果实商品率仍在70%以上，而30℃贮藏组呈相对较低水平，在第15d时商品率低至10%以下。贮藏期间，"明椒8号"果实失重率都不断上升。与对照组相比，5℃和10℃下的辣椒果实失重率始终处于较低水平，整体而言失重率接近，10℃的失重水平率略低于5℃的"明椒8号"果实；30℃的比对照组失重率更高，且始终呈较高水平。结果说明，较低的贮藏温度能使果实在贮藏期间保持较高商品率和较低的失重率，较高的贮藏温度则反之，不利于"明椒8号"商品率及水分含量的保持。

⑥**不同贮藏温度对"明椒8号"呼吸强度的影响**

不同贮藏温度对"明椒8号"果实呼吸强度的影响结果如图3-20所示，

在5℃和10℃下贮藏的"明椒8号"辣椒果实呼吸强度先上升后下降，与对照相比都呈较低水平且二者相近，在贮藏第9d时都出现了呼吸高峰，分别为135.43、123.13mgCO$_2$/(h·kg)。而30℃下的"明椒8号"在贮藏期间呼吸强度一直升高，相比对照，始终保持在较高水平。结果显示，贮藏期间，低温能有效减弱"明椒8号"果实的呼吸，而高温会使呼吸作用变强。

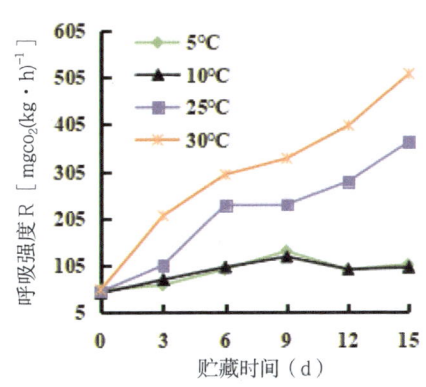

图3-20 不同贮藏温度对"明椒8号"果实呼吸强度的影响

⑦**不同贮藏温度对"明椒8号"细胞膜透性的影响**

不同贮藏温度对"明椒8号"果实细胞膜透性的影响结果如图3-21所示，在贮藏期间，不同贮藏温度下的"明椒8号"辣椒果实细胞膜透性整体都呈上升趋势。与对照组相比，5℃贮藏组在第3d之前低于对照组，第3d后迅速升高，此后都处于较高水平，可能是由于在低温条件下辣椒果实发生冷害，膜透性增加。与对照组相比，10℃贮藏组始终处于较低水平，30℃贮藏组维持在较高水平。结果表明，相比于其他组，在贮藏温度为10℃的条件下，能相对延缓"明椒8号"辣椒果实膜结构的破坏。

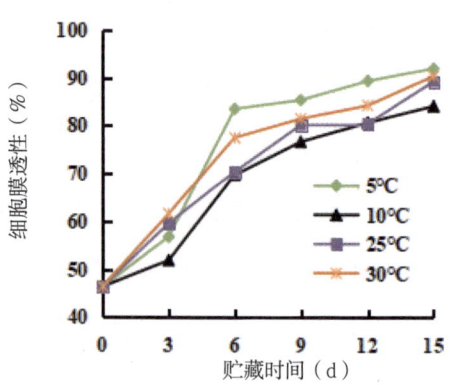

图3-21　不同贮藏温度对"明椒8号"果实细胞膜透性的影响

⑧不同贮藏温度对"明椒8号"可溶性固形物含量的影响

不同贮藏温度对"明椒8号"果实可溶性固形物含量的影响结果如图3-22所示，不同处理组辣椒果实 TSS 含量随贮藏时间延长都呈逐步下降趋势，对照组相比于5℃与10℃下的贮藏组 TSS 含量始终呈较低水平，其中10℃与5℃接近。而贮藏过程中30℃贮藏组始终低于对照组 TSS 的含量。结果表明，较低的贮藏温度能保持辣

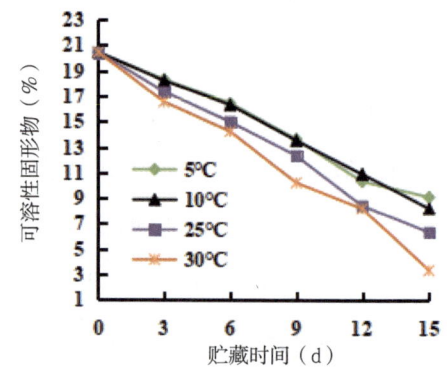

图3-22　不同贮藏温度对"明椒8号"果实可溶性固形物含量的影响

椒果实的 TSS 含量，延缓 TSS 含量的流失，较高的贮藏温度则加快 TSS 的流失，影响果实的贮藏品质。

综上所述，"明椒8号"在5℃、10℃、25℃及30℃下贮藏品质的变化结果表明：相比对照组，5℃及10℃低温贮藏温度下的"明椒8号"能较好地保持辣椒果实的硬度、可溶性固形物等，能减缓腐烂指数、呼吸强度的升高。而30℃下贮藏的"明椒8号"，相比对照组，其加快了辣椒果实的腐烂，不利于果实的贮藏保鲜。整体而言10℃是最适宜的贮藏温度，能更好地保持辣

椒果实的鲜度及营养品质。

2. 不同温度条件对高辣朝天椒理化品质的影响

（1）不同温度条件对高辣朝天椒"明椒9号"理化品质的影响

①不同贮藏温度对"明椒9号"外观品质的影响

贮藏期间，"明椒9号"果实颜色逐渐变深变暗，出现部分褐变、腐烂、发霉等现象。同一贮藏时期，在5℃及10℃的低温贮藏条件下，辣椒果实的外观品质相对较好，但5℃的辣椒随贮藏时间延长果实皱缩变黑加重。30℃高温贮藏条件下果实腐烂进程加快。结果表明，10℃低温贮藏下的"明椒9号"果实外观最优。

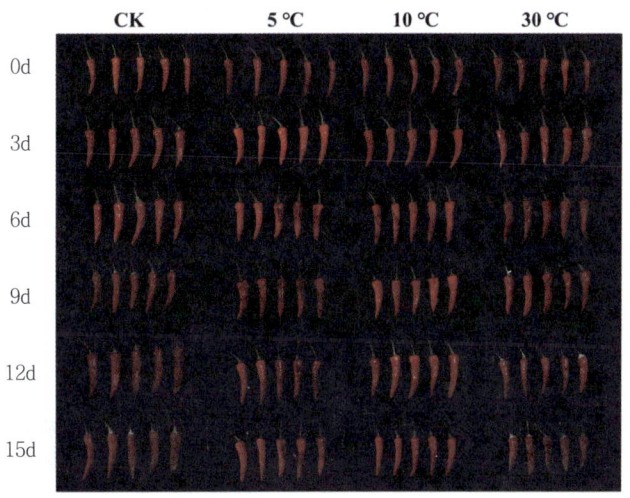

图3-23 不同贮藏温度下"明椒9号"外观品质的变化

②不同贮藏温度对"明椒9号"硬度的影响

不同贮藏温度对"明椒9号"果实硬度的影响如图3-24所示，随着贮藏时间的延长"明椒9号"果实硬度不断下降。与对照组相比，5℃和10℃贮藏温度下的辣椒果实硬度始终处于较高水平，其中5℃贮藏组与10℃贮藏组的硬度较为接近，在第15d时都达到110N以上，而对照组在第15d时仅为

65.21N。相比对照，30℃下的"明椒9号"果实软化更严重，15d时仅为59.75N。结果表明，"明椒9号"果实在较低的贮藏温度条件下能够较好地保持果实硬度，在较高的贮藏温度下果实软化严重。

③不同贮藏温度对"明椒9号"色泽变化的影响

不同贮藏温度对"明椒9号"外果皮a^*、b^*、L^*值的影响结果如图3-25至图3-27所示（a^*值为色度中的红绿色差指标，正值越大，红色越深；b^*值表示黄蓝度，正值越大，黄色越深；L^*值表示光泽的明亮度，L^*值越大，亮度越高），贮藏期间，相比对照组，5℃与10℃的"明椒9号"果实a^*值整体处于更高水平，30℃贮藏组整体低于对照组。相比对照组，5℃与10℃的明椒8号果实b^*值整体处于更高水平，12d过后5℃贮藏组与对照组接近，30℃贮藏组贮藏期间整体都与对照组接近。相比对照组，10℃的"明椒9号"果实L^*值整体处于更高水平，5℃与30℃贮

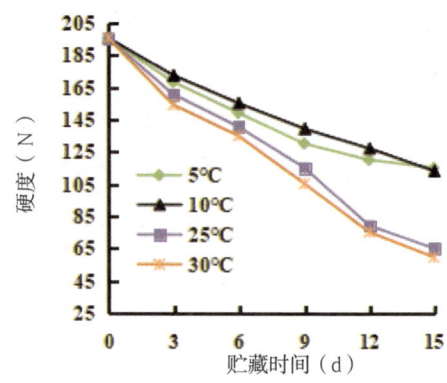

图 3-24　不同贮藏温度对"明椒9号"果实硬度的影响

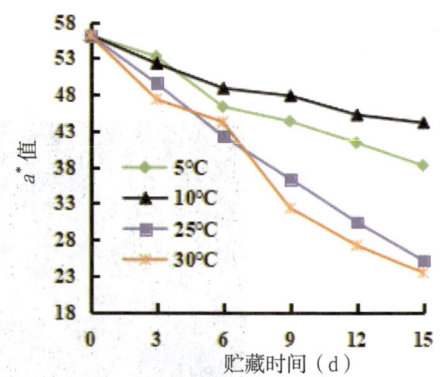

图 3-25　不同贮藏温度对"明椒9号"外果皮a^*值的影响

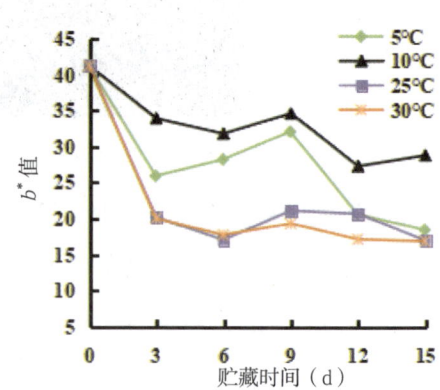

图 3-26　不同贮藏温度对"明椒9号"外果皮b^*值的影响

藏组的"明椒9号"果实整体接近于对照组的 L^* 值。结果显示，在10℃的低温贮藏条件下，"明椒9号"辣椒果实能保持较好的外观色泽。

④不同贮藏温度对"明椒9号"腐烂指数的影响

不同贮藏温度对"明椒9号"腐烂指数的影响结果如图3-28所示，随着贮藏时间的延长，"明椒9号"果实的腐烂指数不断上升。与对照组相比，贮藏温度为5℃和10℃的辣椒果实都处于较低水平，10℃最低，5℃次之，在第15d时仍只有0.24和0.35；30℃贮藏组在第9d时就达到0.45，第15d时约为0.71。综上，较低的贮藏温度能延缓"明椒9号"果实的腐烂，较高的贮藏温度果实腐烂指数较高不利于贮藏保鲜。

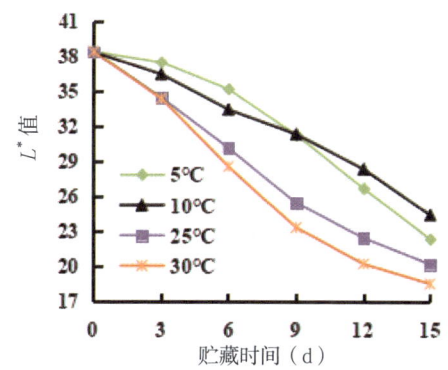

图3-27　不同贮藏温度对"明椒9号"外果皮 L^* 值的影响

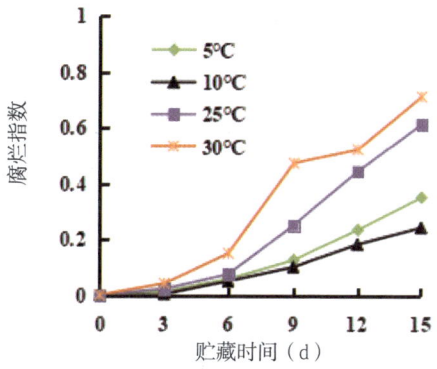

图3-28　不同贮藏温度下"明椒9号"腐烂指数的影响

⑤不同贮藏温度对"明椒9号"商品率和失重率的影响

不同贮藏温度对"明椒9号"商品率和失重率的影响结果如图3-29、图3-30所示，贮藏期间，辣椒果实商品率不断下降，同一时期，贮藏温度越高，商品率下降速度越快。相比对照组，其中5℃和10℃贮藏组贮藏期间始终呈相对较高水平，第15d时10℃下的果实商品率接近50%，而30℃贮藏组呈相对较低水平，在第15d时商品率低至15%以下；"明椒9号"果实失重率不断上升，与对照组相比，5℃和10℃下的辣椒果实失重率始终处于较低水平，10℃的失重水平率略低于5℃的"明椒9号"果实，30℃贮藏温度下的辣椒果实比对照组失重率更高。研究结果表明，较低的贮藏温度能使"明椒9号"辣椒果实在贮藏期间保持较高商品率和较低的失重率，较高贮藏温度下的"明椒9号"辣椒果实商品率较低，且果实失水严重，不利于"明椒9号"辣椒果实的贮藏保鲜。

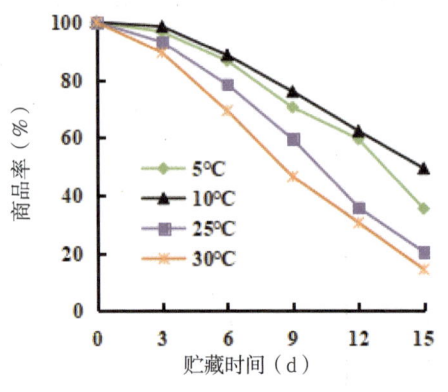

图3-29　不同贮藏温度对"明椒9号"商品率的影响

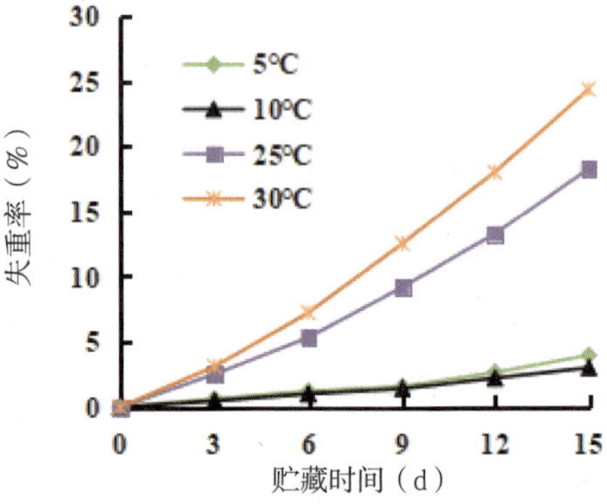

图3-30　不同贮藏温度对"明椒9号"失重率的影响

⑥不同贮藏温度对"明椒9号"呼吸强度的影响

不同贮藏温度对"明椒9号"果实呼吸强度的影响结果如图3-31所示，在5℃和10℃下贮藏的"明椒9号"辣椒果实呼吸强度先上升后下降，与对照相比始终处于更低的水平，在贮藏第9d时都出现了呼吸高峰，分别为141.57、120.13mgCO₂/(h·kg)。而30℃下的"明椒9号"在贮藏期间呼吸强度不断升高，与对照组相比较始终维持在较高水平。结果显示，贮藏期间，低温能有效抑制"明

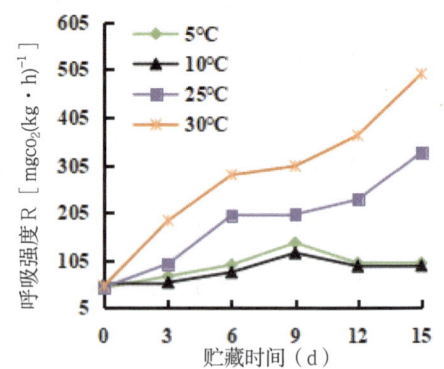

图3-31　不同贮藏温度对"明椒9号"果实呼吸强度的影响

椒9号"果实的呼吸，而高温会使"明椒9号"果实的呼吸作用加强。

⑦不同贮藏温度对"明椒9号"细胞膜透性的影响

不同贮藏温度对"明椒9号"果实细胞膜透性的影响结果如图3-22所示，在贮藏期间，"明椒9号"辣椒果实细胞膜透性不断上升。与对照组相比，10℃贮藏组始终处于较低水平，5℃及30℃贮藏组维持在较高水平，且其中5℃细胞膜透性最高，这可能是在该温度下辣椒果实冷害较为严重导致膜透性受到影响。结果表

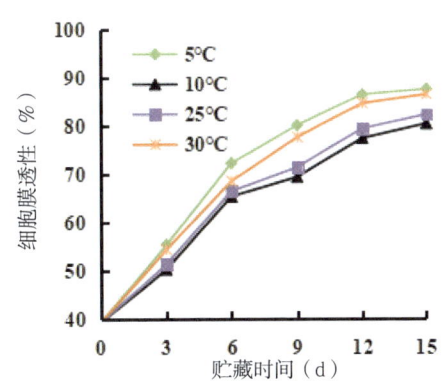

图3-32 不同贮藏温度对"明椒9号"细胞膜透性的影响

明，在贮藏温度为10℃的低温贮藏条件下，"明椒9号"辣椒果实的细胞膜结构能相对较好地保持。

⑧不同贮藏温度对"明椒9号"可溶性固形物含量的影响

不同贮藏温度对"明椒9号"果实可溶性固形物含量的影响结果如图3-33所示，不同处理组辣椒果实 TSS 含量随贮藏时间延长都呈逐步下降趋势，相比对照，5℃与10℃下的贮藏组 TSS 含量始终呈较高水平，其中5℃与10℃果实的 TSS 含量接近。而贮藏过程中30℃贮藏组与对照组 TSS 的含量接近。结果表明，较低的贮藏

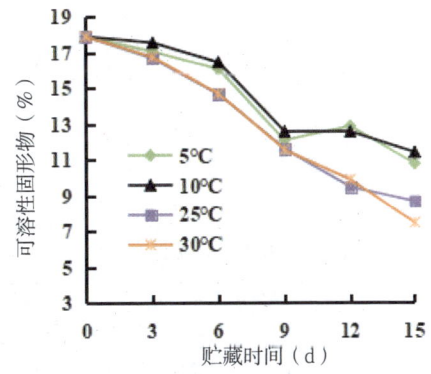

图3-33 不同贮藏温度对"明椒9号"果实可溶性固形物含量的影响

温度能保持辣椒果实的 TSS 含量，较高的贮藏温度则会加快 TSS 含量的流失，

影响果实的贮藏品质。

综上所述，对"明椒9号"在不同温度（5℃、10℃、25℃及30℃）下贮藏的品质变化进行分析发现：以25℃作为对照组，在较高温度（30℃）条件下，"明椒9号"果实在贮藏至15d时几乎完全腐烂，不再具备市场流通价值。相比之下，较低温度（5℃与10℃）显著延长了"明椒9号"的保鲜期，特别是10℃条件下，其保鲜效果最为显著，即使在贮藏15天后，仍能维持较好的贮藏性能。

（2）不同温度条件对高辣朝天椒"明椒10号"理化品质的影响

①不同贮藏温度对"明椒10号"外观品质的影响

"明椒10号"在5℃跟10℃低温贮藏条件下，均可以推迟采后辣椒的败坏，但5℃的辣椒随贮藏延长开始出现冷害症状。而30℃高温贮藏条件下则加速了采后辣椒果实腐烂的进程。综上，10℃低温贮藏可提高采后辣椒果实贮藏特性，延长采后辣椒果实的贮藏保鲜期。

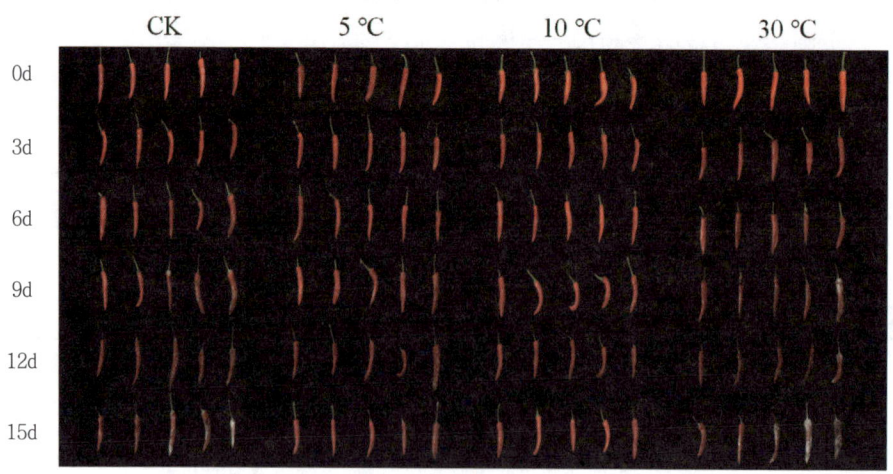

图3-34 不同贮藏温度下"明椒10号"外观品质的变化

②不同贮藏温度对"明椒 10 号"硬度的影响

"明椒 10 号"果实的硬度随着贮藏时间的延长呈不断下降趋势，果实不断软化。与对照组相比，5℃和10℃贮藏温度下的辣椒果实硬度始终处于较高水平，其中10℃贮藏组的硬度最高，在第15d 时仍达到117.46N，而对照组在第 6d 时就仅为115.86N。与对照组相比，30℃贮藏温度下的辣椒果实软化更为严重，

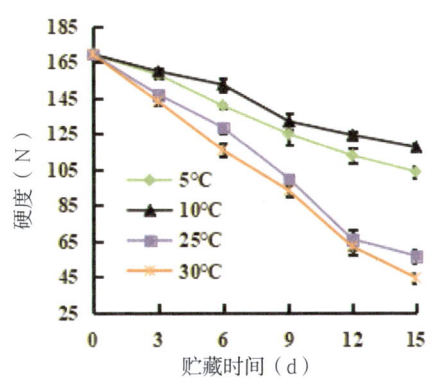

图 3-35　不同贮藏温度下"明椒 10 号"硬度的影响

贮藏期间硬度始终处于较低水平。综上所述，辣椒果实在较低的贮藏温度条件下能够较好地保持果实的硬度，而在较高温度下贮藏则加快了果实的软化程度。

③不同贮藏温度对"明椒 10 号"色泽变化的影响

不同贮藏温度对"明椒 10 号"外果皮 a^*、b^*、L^* 值的影响结果如图 3-36 至图 3-38 所示（a^* 值为色度中的红绿色差指标，正值越大，红色越深；b^* 值表示黄蓝度，正值越大，黄色越深；L^* 值表示光泽的明亮度，L^* 值越大，亮度越高），随着贮藏时间的延长，"明椒 10 号"外果皮 a^* 值整体呈下降趋势，其中5℃与10℃下的辣椒外果皮 a^* 值相比于对照组始终呈较高水平；30℃贮藏组在前 6d 与对照组接近，而后整体处于较低水平；相比对照组，10℃下的果皮 b^* 值贮藏期间都呈较高水平，5℃贮藏组在12d 之前都处于较高水平，而后与对照组接近，30℃贮藏组在前 6d 与对照组 b^* 值接近，随后整体处于较低水平；不同处理组果皮 L^* 值都呈不断下降的趋势。与25℃对照组相比较，10℃下的果皮 L^* 值始终保持较高水平，5℃下 L^* 值在前期处

于较高水平，第9d过后都与对照组较为接近，考虑在5℃的贮藏温度下果实遭受低温出现冷害症状，导致褐变，色泽变暗；30℃下贮藏组在前期与对照组接近，第6d过后始终呈相对较低的水平。综上，在贮藏温度为10℃的低温条件下，相比其他贮藏组辣椒果实的颜色相对更红更亮些，外观色泽相对最优。

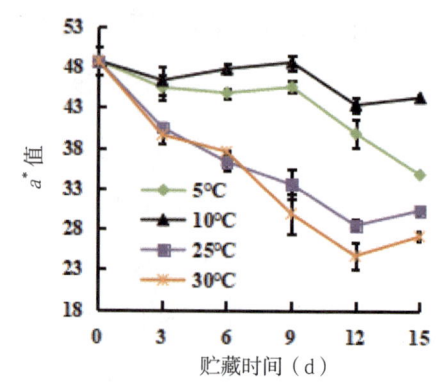

图3-36 不同贮藏温度对"明椒10号"外果皮 a^* 值的影响

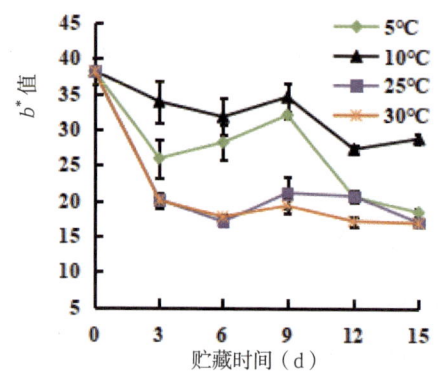

图3-37 不同贮藏温度对"明椒10号"外果皮 b^* 值的影响

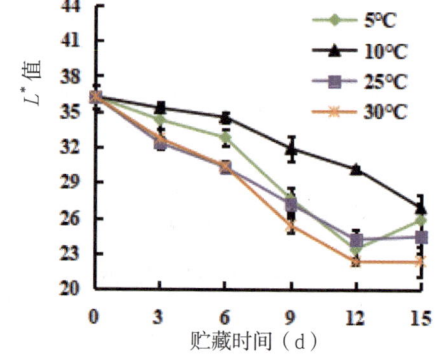

图3-38 不同贮藏温度对"明椒10号"外果皮 L^* 值的影响

④不同贮藏温度对"明椒10号"腐烂指数的影响

与对照组相比，贮藏温度为5℃和10℃下的辣椒果实在贮藏过程中，腐烂指数始终处于较低水平，且其中10℃下腐烂指数最低，5℃次之，在第15d时仍只有0.14和0.27；而与对照组相比，30℃贮藏组在第6d后开始迅速升高，第9d时就达到0.50，第15d时为0.79。结果表明，较低的贮藏温度能延缓辣椒果实的腐烂败坏，较高的贮藏温度则会加快腐坏发生。

⑤**不同贮藏温度对"明椒 10 号"商品率和失重率的影响**

　　"明椒 10 号"果实商品率在贮藏期间呈现不断下降的趋势，贮藏温度越高，商品率下降速度越快。相比对照组，其中 5℃和 10℃贮藏组整体都呈缓慢下降趋势，贮藏期间始终呈相对较高水平，第 15d 时 10℃下的果实商品率仍在 75% 以上，而 30℃贮藏组始终呈相对较低水平，第 6d 后开始迅速下降，在第 15d 时果实基本败坏。贮藏期间，"明椒 10 号"果实失重率不断上升，温度越高失水越严重。与对照组相比，5℃和 10℃下的辣椒果实失重率始终处于较低水平，整体而言在 5℃与 10℃下贮藏的果实的失重率接近，10℃贮藏组的失重水平率略低于 5℃；而 30℃贮藏组相比对照组失重率反而更高，且始终呈较高水平。上述结果说明，较低的贮藏温度能使果实在贮藏期间保持较高的含水量和商品率，较高的贮藏温度则加快果实的失水，不利于保持果实的商品率。

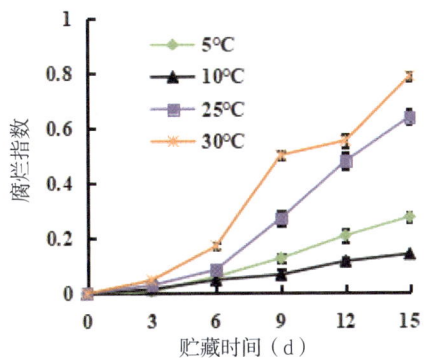

图 3-39　不同贮藏温度下"明椒 10 号"腐烂指数的影响

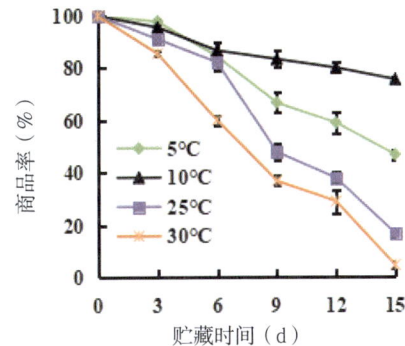

图 3-40　不同贮藏温度对"明椒 10 号"商品率的影响

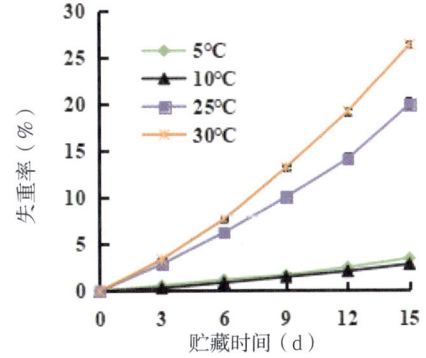

图 3-41　不同贮藏温度对"明椒 10 号"失重率的影响

⑥不同贮藏温度对"明椒10号"呼吸强度的影响

"明椒10号"在5℃和10℃贮藏温度下的辣椒果实呼吸强度呈先上升后下降的趋势，果实呼吸强度接近，与对照相比一直维持在较低水平，且在贮藏过程中都明显低于对照组，在贮藏第9d时都出现了呼吸峰值，分别为139.10、129.92mgCO$_2$/(h·kg)。而对照组与30℃贮藏组在贮藏期间果实呼吸强度不断升高。相

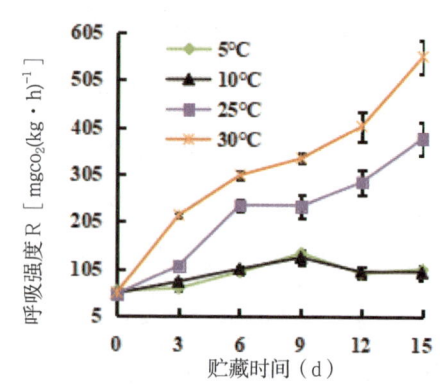

图3-42 不同贮藏温度对"明椒10号"呼吸强度的影响

比于对照组，30℃贮藏温度下的果实呼吸强度始终保持在较高水平。结果显示，低温贮藏能有效降低辣椒果实贮藏期间的呼吸强度，而较高的贮藏温度会增强果实的呼吸作用。

⑦不同贮藏温度对"明椒10号"细胞膜透性的影响

在贮藏期间，不同贮藏温度下的"明椒10号"果实细胞膜透性整体都呈上升趋势。与对照组相比，5℃贮藏组在第3d之前低于对照组，第3d后迅速升高，于第6d、第12d以及第15d时都处于较高水平，可能是因为在低温条件下辣椒果实发生冷害，细胞结构受到损伤，导致膜透性增加。与对照组相比，10℃贮藏组始

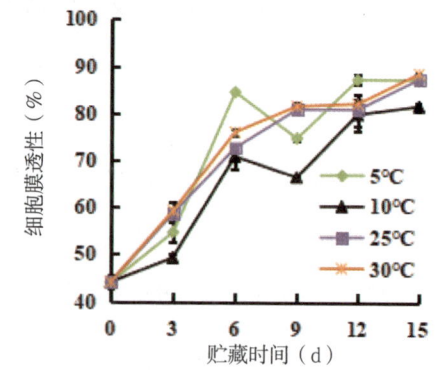

图3-43 不同贮藏温度对"明椒10号"细胞膜透性的影响

终处于较低水平，30℃贮藏组则相反，维持在较高水平。在贮藏第9d后对照

组与 30℃贮藏组辣椒果实细胞膜透性都已达到 80% 以上，可能是由于此时辣椒果实腐烂较为严重，细胞膜遭受破坏。结果表明，相比于其他组，在贮藏温度为 10℃的条件下，能相对延缓辣椒果实膜结构的破坏。

⑧不同贮藏温度对"明椒 10 号"可溶性固形物含量的影响

不同处理组"明椒 10 号"果实 TSS 含量随贮藏时间延长都呈逐步下降趋势，对照组相比于 5℃与 10℃下的贮藏组 TSS 含量始终呈较低水平，其中 10℃下 TSS 含量最高，5℃次之。而贮藏过程中 30℃贮藏组与对照组 TSS 含量始终较为接近。结果表明，较低的贮藏温度能保持辣椒果实的 TSS 含量，延缓 TSS 含量的流失，随

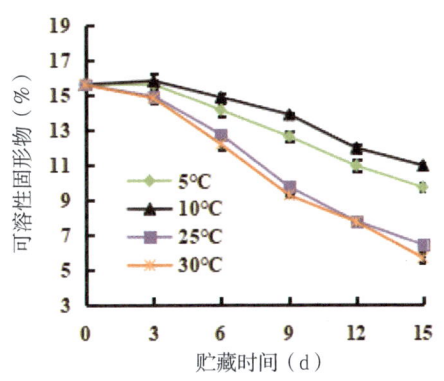

图 3-44　不同贮藏温度对"明椒 10 号"可溶性固形物含量的影响

时间延长，辣椒果实的 TSS 含量在较高的贮藏温度下相对较低，贮藏品质下降。

综上所述，10℃的低温贮藏条件是采后"明椒 10 号"果实相对适宜的贮藏温度，本研究可为今后采后辣椒保鲜方法的建立提供一定的理论依据。此外，为了延长采后辣椒果实的货架期、减少微生物侵染引起的腐烂等问题，可进一步将低温贮藏结合保鲜剂、辐射处理、包装材料、冷激处理等因素复合处理对采后辣椒贮藏品质的影响进行研究。

3.讨论

采后高辣辣椒果实在常温下呼吸旺盛，失水严重，病原微生物快速繁殖，使高辣辣椒很快转红（黄）、变软，并发生严重腐烂。采后高辣辣椒的贮藏保鲜除了做好必要的整理、分级、包装等采后商品化处理外，还必须根据其采后的生理特性，创造适宜的贮藏环境，使高辣辣椒在维持正常新陈代谢和

不产生生理失调的前提下，最大限度地抑制新陈代谢，从而减少物质的消耗、延缓成熟和衰老进程、延长采后寿命和货架期；有效地防止微生物生长繁殖，避免因侵染而引起的腐烂变质。因此，选择贮藏环境的适宜温湿度是我们首先要考虑的问题。本研究通过设置不同的贮藏温度，旨在找出适合采后高辣辣椒贮藏的最适温度。本研究发现，低温贮藏下的高辣辣椒果实 a^* 始终保持较高水平，L^* 也始终保持较高水平。这说明了低温贮藏能有效延缓高辣辣椒果实外观色泽转暗的趋势，使高辣辣椒果实保持光亮。果肉可溶性固形物 TSS 作为风味营养物质会被作为呼吸底物而被消耗，本研究发现，低温贮藏条件下能减缓辣椒果实的呼吸速率的提高，推迟细胞膜结构的破坏，保持细胞膜的完整性，减缓高辣辣椒果实的 TSS 营养风味物质的流失，降低高辣辣椒果实的失水速度，使高辣辣椒果实保持较高的商品率，从而延缓高辣辣椒果实腐烂指数的升高，延长高辣辣椒果实的贮藏保鲜期。

但在 5℃ 的低温贮藏条件下，随着贮藏时间的推移，果实膜损伤逐渐加重，致使高辣辣椒果实抗冷性下降，发生冷害，进而导致细胞膜透性升高，不利于高辣辣椒果实的采后贮藏保鲜。而在 30℃ 高温贮藏条件下，相比对照组，高辣辣椒果实的商品率、硬度、a^* 值、b^* 值、L^* 值以及可溶性固形物 TSS 的含量都维持在更低的水平，腐烂指数、呼吸强度及果实失重率都更高，表明高温条件下加速了采后高辣辣椒果实的腐坏。

（二）不同气调条件对高辣辣椒（鲜椒）理化品质的影响

1. 不同气调条件对高辣特色辣椒理化品质的影响

（1）不同气调条件对"明椒 8 号"果实硬度的影响

硬度作为果实的重要品质指标之一，对果实的风味、口感等感官品质具有重要影响作用。随着贮藏时间的延长，"明椒8号"果实的硬度呈现出不断下降的趋势，果实持续软化。不同的气调贮藏条件对"明椒8号"果实的软化过程有着明显影响。与空气贮藏组相比，在 N_2 和 CO_2 气调贮藏条件下，"明椒8号"果实的硬度始终处于较高水平，其中 N_2

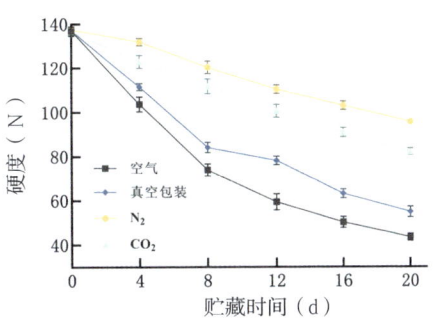

图3-45　不同气调条件对"明椒8号"果实硬度的影响

贮藏组的硬度最高，在第16d时仍达102.45N，而空气贮藏组在第4d时仅为104.12N。在贮藏期间，真空包装组和空气贮藏组"明椒8号"果实硬度下降趋势较为类似，但前者下降速度慢于后者。在第12d、第20d时，二者的硬度分别降低至78.94N和58.22N、55.32N和43.22N。综上所述，N_2、CO_2 和真空包装的气调贮藏条件能够减缓"明椒8号"果实在贮藏期间的软化过程。其中，N_2 的效果最佳，略优于 CO_2，且显著优于真空包装。

（2）不同气调条件对"明椒8号"果实色泽的影响

色泽的变化与果实的外观品质紧密相关，能够反映出果实的劣变情况（a^* 值为色度中的红绿色差指标，正值越大，红色越深；b^* 值表示黄蓝度，正值越大，黄色越深；L^* 值表示光泽的明亮度，L^* 值越大，亮度越高）。在不同气调贮藏条件下，"明椒8号"果皮的 a^* 值、b^* 值以及 L^* 值均随时间呈现不断下降的趋势。在贮藏的前8d，N_2、CO_2、真空包装以及空气贮藏下的果皮 a^* 值下降差距并不明显，第8d时，四者的 a^* 值分别为27.14、26.24、25.68和24.99。第8d后，与空气贮藏组相比，N_2、CO_2 和真空包装的 a^* 值下降趋势减缓。至第20d时，三者的 a^* 值分别为24.66、23.74和20.45，而空气贮藏组则迅速降低至15.87。由图3-47可知，空气贮藏组在第8d时就降低为 47.45，而在 N_2、CO_2 以及真空包装贮藏下的果皮始终保持着 50 以上的较高水平 b^* 值，其中，N_2 条件下水平最高，在第 20d 时仍有 53.54。CO_2 和真空包装的 b^* 值水平始终相近且均低于 N_2，在第 8d 和第 20d 时，二者的 b^* 值分别为 55.74、55.67 和 50.78、49.63。由图 3-48 可知，在第 4d 时，所有组别的 L^* 值下降速度加快 N_2、CO_2、真空包装和空气贮藏组 L^* 值的下降速度依次递增。与第 8d 相比，第 20d 时四者的 L^* 值分别下降了为 8.12%、9.20%、16.36%、18.50%。综上所述，在 N_2 气调贮藏条件下，"明椒 8 号"果实的颜色相对更黄更亮，外观色泽相对最优。

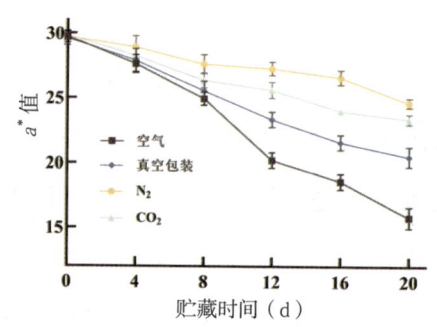

图 3-46 不同气调条件对"明椒 8 号"果实外果皮 a^* 值的影响

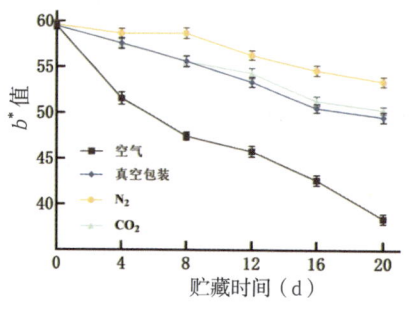

图 3-47 不同气调条件对"明椒 8 号"果实外果皮 b^* 值的影响

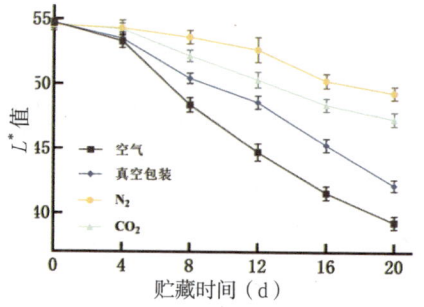

图 3-48 不同气调条件对"明椒 8 号"果实外果皮 L^* 值的影响

（3）不同气调条件对"明椒 8 号"果实腐烂指数的影响

腐烂指数能够准确反映辣椒在采后贮藏过程中果实的腐坏状况。通常情况下，腐烂指数越高，意味着果实的败坏程度越发严重，相应的商品价值也就越低。在贮藏期间，随着时间的不断延长，果实的腐烂指数呈现出持续上升的趋势。在不同的气调贮藏条件下，果实的腐烂指数存在显著差异。与空气贮藏相比，在贮藏气调为 N_2 和 CO_2 的辣椒果实，在贮藏过程中其腐烂指数始终处于较低水平。其中，N_2 环境下的腐烂指数最低，CO_2 次之，在第 20d 时分别仅为 0.07 和 0.09。在贮藏过程中，真空包装下的

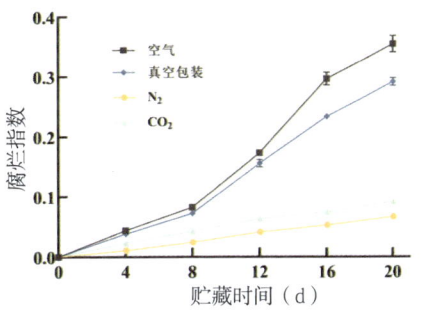

图 3-49　不同气调条件对"明椒 8 号"腐烂指数的影响

腐烂指数始终低于空气贮藏，但在第 8d 时与空气贮藏组开始同步迅速升高，达到 0.07，在第 20d 时达到 0.29，为空气贮藏的 82.0%。上述结果明确表明，N_2、CO_2 和真空包装这三种气调贮藏条件均能够在一定程度上延缓辣椒果实的腐烂败坏。其中，N_2 的效果最为显著，略优于 CO_2，且显著优于真空包装。

（4）不同气调条件对"明椒 8 号"商品率和失重率的影响

商品率的高低能够切实反映出果实在采后贮藏过程中的品质变化情况。而"明椒 8 号"果实贮藏期间的失水状况可通过失重率来体现，水分流失越多，辣椒果实口感变差、软化程度加重，进而对辣椒的商品率产生影响。在贮藏期间，"明椒 8 号"果实的商品率呈现出不断下降的趋势。不同的气调贮藏条件对"明椒 8 号"果实的商品率有着显著影响。与空气贮藏相比，在 N_2 和 CO_2 贮藏条件下，"明椒 8 号"果实商品率的下降趋势明显变缓，在贮藏期间始终保持相对较高的水平，第 20d 时，N_2 和 CO_2 的果实商品率仍在 80% 以上。在贮藏期间，真空包装组和空气贮藏组的商品率下降趋势较为类似，但前者下降速度慢于后者。二者在第 8d 时开始迅速降低，第 12d 时分别降至 76.33% 和 70.22%，在第 20d 时分别仅有 60.32% 和 49.87%。

在贮藏期间，"明椒 8 号"果实的失重率不断上升。不同的气调贮藏条

件对"明椒8号"果实的失重率影响显著。与空气贮藏组相比，N_2和CO_2下的"明椒8号"果实失重率始终处于较低水平，在第20d时失重率仍在2%以下。总体而言，在N_2和CO_2下贮藏的果实失重率较为接近，N_2贮藏组的失重水平略低于CO_2。在贮藏期间，真空包装组和空气贮藏组的失重率上升趋势类似，但前者上升速度慢于后者。在第12d时，二者均超过2%，在第20d时分别上升至5.07%和7.42%。上述结果表明，N_2、CO_2和真空包装的气调贮藏条件能够使辣椒果实在贮藏期间保持较高的含水量和商品率。其中，N_2的效果最佳，略优于CO_2，且显著优于真空包装。

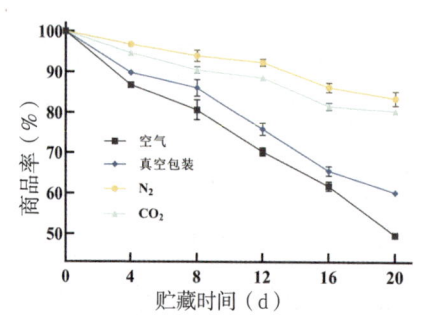
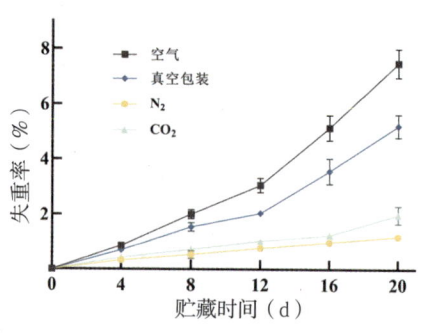

图3-50 不同气调条件对"明椒8号"商品率的影响

图3-51 不同气调条件对"明椒8号"失重率的影响

（5）不同气调条件对"明椒8号"果实细胞膜透性的影响

果实的细胞膜透性变化在一定程度上能够反映出果实细胞结构的状态。膜透性的改变可能会加速机体的衰败与死亡。在贮藏期间，不同气调贮藏条件下的"明椒8号"果实细胞膜透性总体上均呈上升趋势。与空气贮藏组相比，在N_2、CO_2以及真空包装贮藏条件下，"明椒8号"果实在贮藏期间的细胞膜透性上升趋势相近且较为缓慢。其中，N_2的延缓效果最佳，CO_2次之，真空包装效果相对较弱。在第12d和第20d时，三者的细胞膜透性分别为 55.87%、62.33%、70.23% 和 65.22%、72.11%、83.22%。而空气贮藏组在贮藏的第 12d 时，"明椒 8 号"果实细胞膜透性迅速上升至 88.54%，且在第 20d 时达到 92.04%。综上所述，N_2、CO_2 和真空包装的气调贮藏条件能够有效减缓辣椒果实在贮藏期间细胞膜的受损过

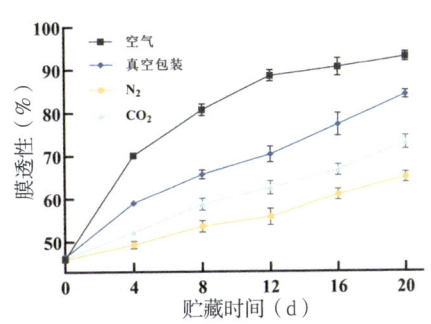

图 3-52　不同气调条件对"明椒 8 号"果实细胞膜透性的影响

程。其中，N_2 的效果最为显著，CO_2 次之，真空包装效果相对较差。

（6）不同气调条件对"明椒 8 号"果实可溶性固形物含量的影响

可溶性固形物含量越高，意味着果蔬中能溶于水的糖、酸、维生素、矿物质等的含量也越高，相应的品质也就越好。不同气调处理组的"明椒 8 号"果实 TSS 含量随贮藏时间的延长均呈逐步下降趋势。与 N_2、CO_2 以及真空包装下的贮藏组相比，空气贮藏组的 TSS 含量始终处于较低水平。

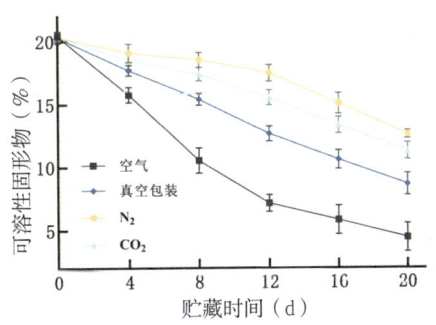

图 3-53　不同气调条件对"明椒 8 号"果实可溶性固形物含量的影响

其中，N_2 下的 TSS 含量最高，CO_2 次之，真空包装最低。在第 20d 时，三者的 TSS 含量分别为 12.38、11.32 和 8.67。N_2、CO_2、真空包装以及空气贮藏组有着相似的下降趋势。结果表明，N_2 气调贮藏能够更好地保持"明椒 8 号"果实的 TSS 含量，延缓 TSS 含量的流失。

2.不同气调条件对高辣朝天椒理化品质的影响

（1）不同气调条件对"明椒9号"果实硬度的影响

随着贮藏时间的延长，"明椒9号"果实的硬度呈现持续下降趋势，果实不断软化。不同的气调贮藏条件对"明椒9号"果实的软化过程有着显著影响。与空气贮藏和真空包装相比，在 N_2 和 CO_2 贮藏条件下，"明椒9号"果实硬度的下降趋势明显

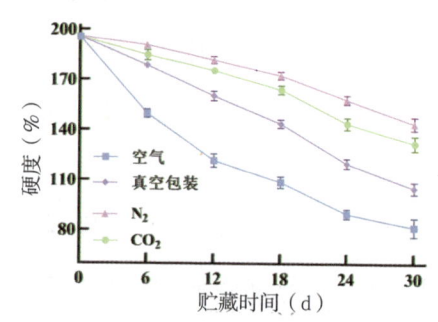

图3-54　不同气调条件对"明椒9号"果实硬度的影响

减缓，在贮藏期间始终保持相对较高水平。在第30d时，N_2贮藏下的果实硬度仍在140N以上，CO_2贮藏下的果实硬度仍在130N以上；而在真空包装和空气贮藏条件下，二者的硬度在第6d时开始迅速下降，并分别在第12d和第24d下降至130N以下。相较而言，真空包装在延缓"明椒9号"果实硬度下降方面的效果更好。综上所述，N_2、CO_2和真空包装的气调贮藏条件能够减缓辣椒果实在贮藏期间的软化过程。其中，N_2的效果最佳，略优于CO_2，且显著优于真空包装。

（2）不同气调条件对"明椒9号"果实色泽的影响

在不同气调贮藏条件下，"明椒9号"果皮的 a^* 值、b^* 值以及 L^* 值均随时间呈现出不断下降的趋势（a^* 值为色度中的红绿色差指标，正值越大，红色越深；b^* 值表示黄蓝度，正值越大，黄色越深；L^* 值表示光泽的明亮度，L^* 值越大，亮度越高）。在贮藏的前18d，N_2、CO_2、真空包装以及空气贮藏下的果皮 a^* 值下降幅度差距并不明显，第18d时，四者的 a^* 值分别为43.74、42.62、41.75和40.65。第18d后，与真空包装和空气贮藏组相比，

N_2 和 CO_2 的 a^* 值下降趋势减缓。至第 30d 时，二者的 a^* 值分别为 39.45 和 38.72，而真空包装和空气贮藏组则迅速降低至 32.72 和 29.34。由图 3-56 可知，真空包装和空气贮藏组的 b^* 值在第 8d 时就分别降低为 32.44 和 30.55，并在第 30d 时分别降低至 26.89 和 22.12。而在 N_2 和 CO_2 贮藏下的果皮始终保持着 30 以上的较高水平 b^* 值，其中，N_2 条件下水平最高，在第 30d 时仍有 36.69。由图 3-57 可知，与真空包装和空气贮藏组相比，N_2 和 CO_2 贮藏组的 L^* 值下降趋势较为缓慢，并且始终保持着 30 以上的 L^* 值。而真空包装和空气贮藏组则分别在第 18d 和第 24d 迅速降低至 30 以下，并且总体来看，前者的下降趋势要缓于后者。综上所述，在 N_2 气调贮藏条件下，"明椒 9 号"果实的颜色相对更红更亮，外观色泽相对最优。CO_2 的效果与 N_2 相近，真空包装相对次之。

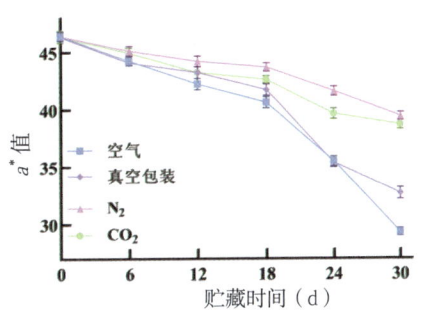

图 3-55 不同气调条件对"明椒 9 号"果实外果皮 a^* 值的影响

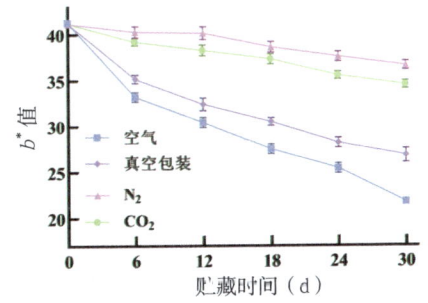

图 3-56 不同气调条件对"明椒 9 号"果实外果皮 b^* 值的影响

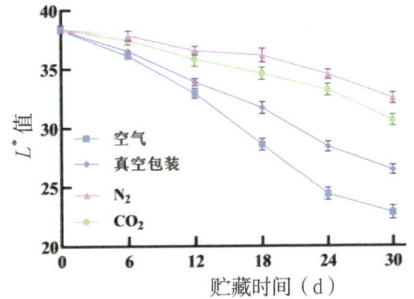

图 3-57 不同气调条件对"明椒 9 号"果实外果皮 L^* 值的影响

（3）不同气调条件对"明椒 9 号"果实腐烂指数的影响

在贮藏期间，随着时间的持续延长，"明椒 9 号"果实的腐烂指数呈现出不断上升的趋势。在不同的气调条件下，"明椒9号"果实的腐烂指数存在显著差异。N_2、CO_2、真空环境和空气贮藏组的腐烂指数在第6d时迅速上升，四者在第6d和第12d的腐烂指数分别为第30d的7.93%、9.43%、12.40%、13.82%和 45.37%、48.78%、54.20%、

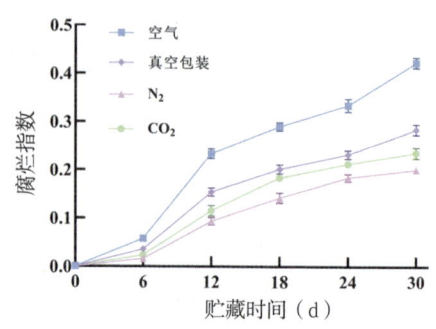

图 3-58　不同气调条件对"明椒9号"腐烂指数的影响

55.35%。与空气贮藏相比，在贮藏气调为 N_2、CO_2 以及真空环境下的"明椒9号"果实，在贮藏过程中其腐烂指数始终处于较低水平。其中，N_2 环境下的腐烂指数最低，CO_2 次之，真空环境下的腐烂指数相对较高。上述结果明确表明，N_2、CO_2 和真空包装这三种气调贮藏条件均能够在一定程度上延缓"明椒9号"果实的腐烂败坏。其中，N_2 的效果最为显著。

（4）不同气调条件对"明椒9号"商品率和失重率的影响

"明椒9号"贮藏期间的失水状况可通过失重率来体现，水分流失越多，"明椒9号"果实的口感会变差，软化程度也会加重，进而对"明椒9号"的商品率产生影响。在贮藏期间，"明椒9号"果实的商品率呈现出不断下降的趋势。不同的气调贮藏条件对"明椒9号"果实的商品率有着显著影响。与空气贮藏和真空包装相比，在 N_2 和 CO_2 贮藏条件下，"明椒8号"果实商品率的下降趋势明显变缓，在贮藏期间始终保持相对较高的水平。在第30d时，N_2 和 CO_2 的果实商品率仍在70%以上。而在真空包装和空气贮藏条件下，二者的商品率分别在第6d和第18d开始迅速下降，并分别在第12d和第24d下降至70%以下。但相较而言，真空包装对于延缓"明椒9号"果实商品率下降的效果更好。在贮藏期间，"明椒9号"果实的失重率不断上升，

不同的气调条件对"明椒9号"果实的失重率影响显著，与空气贮藏组相比，N_2、CO_2和真空包装条件下的"明椒9号"果实失重率始终处于较低水平，在第30d时失重率仍在4.5%以下。总体而言，在N_2和CO_2下贮藏的果实失重率较为接近且低于真空包装，且N_2贮藏组的失重水平略低于CO_2。此外，在贮藏期间，空气贮藏组的失重率上升趋势迅速，在第18d时便超过4%，并在第20d时上升至8.19%。上述结果表明，N_2、CO_2和真空包装的气调贮藏条件能够使"明椒9号"果实在贮藏期间保持较高的含水量和商品率。其中，在商品率方面，N_2的效果最佳，略优于CO_2，且显著优于真空包装；在含水量方面，N_2的效果最佳，CO_2次之，真空包装最次。

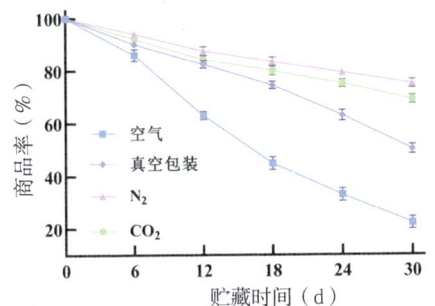

图 3-59 不同气调条件对"明椒9号"商品率的影响

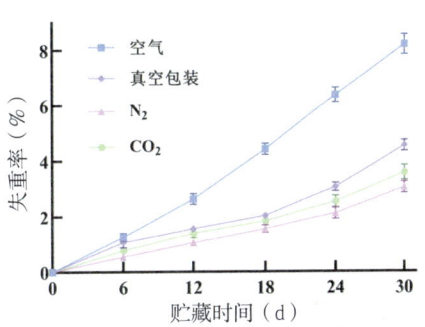

图 3-60 不同气调条件对"明椒9号"失重率的影响

（5）不同气调条件对"明椒9号"果实细胞膜透性的影响

在贮藏期间，不同气调贮藏条件下的"明椒9号"果实细胞膜透性总体上呈上升趋势。与空气贮藏组相比，在N_2、CO_2以及真空包装贮藏条件下，N_2和CO_2贮藏下的"明椒9号"果实在贮藏期间细胞膜透性上升趋势相近且较为缓慢。其中，N_2的

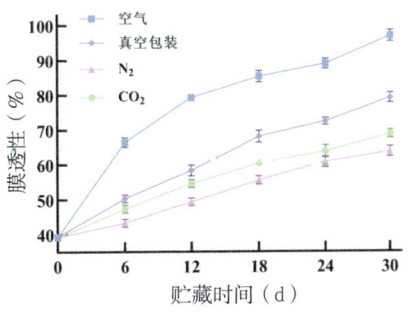

图 3-61 不同气调条件对"明椒9号"果实细胞膜透性的影响

延缓效果最佳，CO_2 次之，真空包装的效果相对较弱。在第 30d 时，N_2、CO_2 以及真空包装下的细胞膜透性分别仅上升至 63.22%、68.44% 和 79.33%。而空气贮藏组在贮藏的第 12d 时，"明椒 9 号"果实细胞膜透性迅速上升至 80.23%，且在第 30d 时达到 95.14%。综上所述，N_2、CO_2 和真空包装的气调贮藏条件能够有效减缓"明椒 9 号"果实在贮藏期间细胞膜的受损过程。其中，N_2 的效果最为显著，CO_2 次之，真空包装的效果最差。

（6）不同气调条件对"明椒9号"果实可溶性固形物含量的影响

不同气调处理组的"明椒 9 号"果实 TSS 含量随贮藏时间的延长呈逐步下降趋势。与在 N_2 和 CO_2 贮藏条件下的"明椒 9 号"果实相比，空气贮藏组的果实 TSS 含量始终处于较低水平。其中，N_2 贮藏下的 TSS 含量最高，CO_2 贮藏次之。在第 30d 时，二者的 TSS 含量分别为 13.23 和

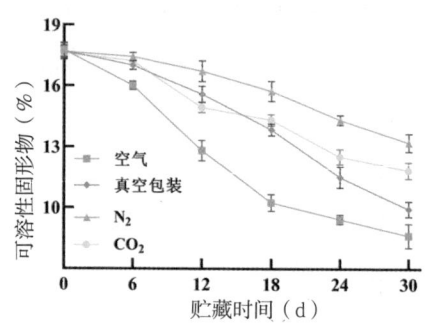

图 3-62　不同气调条件对"明椒 9 号"果实可溶性固形物含量的影响

11.87。此外，真空包装和 CO_2 贮藏组在 18d 以前的 TSS 含量变化趋势较为接近，18d 后真空包装的 TSS 含量迅速下降，到 30d 时变为 CO_2 的 84.07%。结果表明，N_2 气调贮藏能够更好地保持"明椒 9 号"果实的 TSS 含量，延缓 TSS 含量的下降速度。

（三）高辣辣椒贮藏保鲜工艺

不同高辣辣椒品种耐贮性差异较大，果实角质层厚，皮坚光亮，含水量低，干物质含量较高的高辣辣椒品种耐贮性较好。如高辣朝天椒比高辣特色辣椒耐贮藏，晚熟品种比早熟品种耐贮藏，已显现老熟的衰老果实不宜贮藏。

通过研究不同温度和不同气调保鲜对高辣辣椒理化品质的影响，形成一套高辣辣椒贮藏保鲜工艺。

1. 高辣辣椒贮藏特性

（1）贮藏过程中易出现的问题

高辣辣椒属冷敏性作物，喜温暖多湿，且含水量高，采后果实极易腐烂和变质，且易发生冷害（低于5℃），特别是高辣特色辣椒，如"明椒7号""明椒8号"等。

（2）贮藏病害及其防控

高辣辣椒采后贮藏保鲜过程中常见的侵染性病害主要有灰霉病、果腐病、根霉病、炭疽病、疫病和软腐病。生理性紊乱主要是低温冷害。良好的菜园管理、剔除病虫损伤果实、减少机械损伤、入库前贮藏场所消毒、控制适宜贮藏环境，是防控病害的重要措施。

2. 高辣辣椒贮藏条件

温度：根据不同品种确定贮藏温度，大多高辣辣椒品种适宜10℃左右。

相对湿度：90% ~ 95%。

气体成分：多数高辣辣椒品种可采用充氮气保鲜。

图3-63　氮气包装机器

图3-64　氮气保鲜

3.贮藏设施和方式

高辣辣椒品种多，贮藏特性各有差异，高辣辣椒贮藏保鲜的主要方式是低温库结合塑料小包装氮气保鲜。

图 3-65　低温库保鲜

4.贮藏技术要点

（1）贮藏工艺流程

贮藏前准备→采收→分级→预冷→包装→贮藏→出库。

（2）贮藏前准备

①清洁、消毒。常用消毒杀菌方式有：消毒烟雾剂进行熏蒸；4% 漂白粉溶液进行喷洒消毒，或用 0.5% ~ 0.7% 过氧乙酸溶液进行喷洒消毒；臭氧发生器消毒，按照每 $100m^3$ 容积 5g/h 的臭氧发生量，配备臭氧发生器，库内臭氧浓度达到 $10mL/m^3$ 左右，持续 2 ~ 4h，清洁、消毒后，应打开通风系统进行通风换气。

②提前降温。果实入库前 2d 开启制冷机组，将库温逐步降至 -2℃。

（3）采收

高辣辣椒以采收老熟辣椒为主，采后贮藏应在果实充分膨大、果肉厚而坚挺、果面有光泽、果面颜色完全转色、果柄和萼片均为绿色时采收。

采收时选择植株中上部着生的果实，用平头锋利的剪刀带果柄一起剪下；用手摘椒时一定要注意先剪齐指甲，戴上手套，小心托住果实，均匀用力，左右摇动使其脱落，保留萼片和一段果柄。

整个采收过程注意轻拿轻放，尽量减少转筐（箱）、倒筐（箱）次数。

（4）分级

人工初选，剔除病、虫、伤、烂和畸形果。将符合要求的产品按大小进行分级，高辣特色辣椒分级标准可参照《辣椒等级规程（NY/T 944—2006）》，高辣朝天椒分级标准可参照《高辣朝天椒质量分级（DB35/T 2202—2024）》。分级时要轻拿轻放，减少机械损伤。

图 3-66　辣椒分选机

（5）预冷

①预冷后应及时包装，24h 内将产品温度预冷至贮藏温度。

②预冷库温度 0～5℃，相对湿度 80% 以上，有条件的可采用压差预冷。

③预冷时将菜箱顺着冷库冷风流向码放成排，箱与箱之间、排与排之间、箱与墙之间应留出适当空隙，便于空气流动。

（6）包装

包装方式有两种，一是直接装入瓦楞纸箱或泡沫箱中；二是先装入聚乙烯薄膜袋后再装入瓦楞纸箱。

包装时应注意同一箱内产品的等级、规格一致，每箱重量不超过 15kg 为宜；将箱口封牢；包装袋或包装箱上应标明品名、等级规格、净重、产地。

（7）贮藏

①码垛。包装件应分批码垛堆放；要求箱体堆码整齐，并留有通风道；贮藏时不宜与有毒、有异味的物品混放。

②温度控制。以采用氟利昂制冷机组的冷藏库为例，如将温度设置定为

10℃，幅差值 1℃，设备即在 9 ~ 11℃区间运行。

③湿度控制。冷藏库内相对湿度控制在 90% ~ 95%。

④气体控制。采用塑料薄膜包装袋贮藏，要定期检测包装袋内气体成分含量，多数高辣辣椒品种采用充氮气保鲜。

⑤融霜。注意观察蒸发器结霜情况，当蒸发器上有白色霜层但是没有明显阻挡出风时即应除霜，一次融霜时间为 25 ~ 30min。冷库温控仪上具有融霜间隔时间设置功能，融霜间隔根据贮藏阶段设定。入库初期间隔短，10 ~ 20h 融霜 1 次；温度稳定后间隔时间加长，几天至十几天 1 次；冬季制冷机运行少时融霜间隔可更长。实际使用过程中还应根据冷库运行情况及时调整融霜间隔，达到既及时融霜，又不出现无霜或少霜时频繁加热导致库温波动。

（8）出库

应根据贮藏辣椒质量变化情况、市场行情适时出库销售。辣椒全部出库后，要清扫冷库，以备下次再用。

四、高辣辣椒干燥技术研究

GAOLA LAJIAO GANZAO
JISHU YANJIU

辣椒干燥方式多种多样，有自然晾晒干燥、热风干燥、真空冷冻干燥、辐射干燥、热泵干燥等多种干燥方式。不同品种采用不同干燥方式对干椒的外观特征、内在品质及香味有较大影响。为此，我们以高辣辣椒"明椒7号"和"明椒8号"为试验材料，研究了自然晾晒（ND）、热风（HAD）和真空冷冻（VFD）3种干燥方式对高辣辣椒外观特征、内在品质及挥发性成分的影响，同时还研究了（40℃、50℃、60℃、70℃和80℃）5种不同热风干燥温度对高辣辣椒外观特征和加工品质的影响，以期为高辣辣椒的干燥提供参考。

（一）不同干燥方式对高辣辣椒加工品质的影响

1. 不同干燥方式高辣辣椒外观特征

不同干燥方式均不同程度地改变了辣椒外形，且3种干燥方式外观差异较大，真空冷冻（VFD）较好地保留了鲜椒的外形和颜色，呈现略微的皱缩和颜色变浅，质地蓬松酥脆。自然晾晒（ND）耗时最长，使辣椒整体呈轻度的皱缩状态，颜色明显变深，质地偏硬；热风（HAD）时间最短，褐变严重，颜色与自然晾晒（ND）较接近，整体呈皱缩状态，质地酥脆，有轻微的焦煳味。色泽是干制辣椒商品性的重要评价指标，将不同干燥方式辣椒色泽以 CIE lab 表色系进行评价，3种干制方式的5个指标均达到显著性差异（$P < 0.05$），两种真空冷冻（VFD）辣椒的亮度 L^* 分别为 56.71、71.47，饱和度 c^* 分别为 42.8、49.99，均显著高于自然晾晒（ND）与热风（HAD），"明椒7号"的红绿度 a^* 以及"明椒8号"的黄蓝度 b^* 也呈现出此规律，这表明真空冷冻（VFD）辣椒在亮度、颜色以及色彩度方面都有较好的表现，而热风（HAD）表现最差，说明高温干燥使辣椒色泽产生了不同程度的降低。其影响整体表现为：热风（HAD）>自然晾晒（ND）>真空冷冻（VFD）。

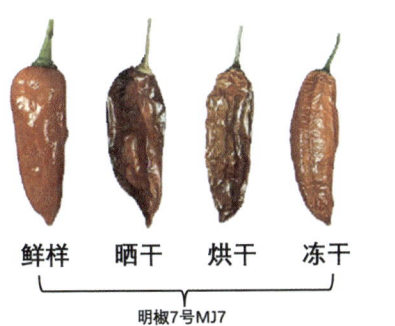 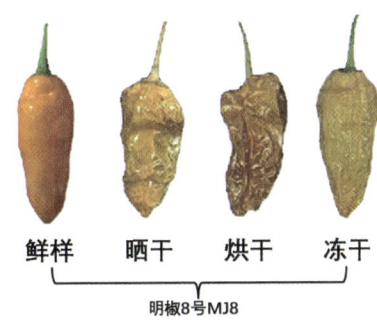

图 4-1　不同干燥方式高辣辣椒表型特征

表 4-1　不同干燥方式高辣辣椒色差结果

名称	类别 Type	L^*	a^*	b^*	C	H
明椒 7 号 MJ7	自然晾晒（ND）	52.64 ± 0.52b	24.34 ± 0.29b	24.71 ± 0.53b	34.68 ± 0.45b	45.43 ± 0.65a
	热风（HAD）	50.55 ± 0.27a	20.24 ± 0.08a	23.47 ± 0.87a	31.00 ± 0.63a	49.20 ± 1.10b
	真空冷冻（VFD）	56.71 ± 0.64c	28.51 ± 0.83c	31.91 ± 0.17c	42.80 ± 0.57c	48.22 ± 0.84b
	RSD	2.69	3.53	3.89	5.13	1.85
明椒 8 号 MJ8	自然晾晒（ND）	63.98 ± 0.30b	15.60 ± 0.12a	34.42 ± 0.16b	37.79 ± 0.11b	65.65 ± 0.24b
	热风（HAD）	54.33 ± 0.37a	16.30 ± 0.12b	26.89 ± 0.46a	31.45 ± 0.42a	58.77 ± 0.41a
	真空冷冻（VFD）	71.47 ± 0.17c	16.74 ± 0.51c	47.11 ± 0.60c	49.99 ± 0.72c	70.45 ± 0.36c
	RSD	7.27	0.56	8.65	7.98	4.97

注：同一列不同英文字母表示差异显著（$P < 0.05$），下同。

2. 不同干燥方式高辣辣椒营养品质特征

不同干燥方式对两种辣椒营养成分含量的影响存在差异。辣椒素类物质是辣椒最重要的活性成分，在二氢辣椒素含量中，两种热风（HAD）辣椒的含量均与其余两种方式达到显著差异（$P < 0.05$），分别为自然晾晒（ND）的 0.87 和 0.85 倍，为真空冷冻（VFD）的 0.93 和 0.87 倍；在辣椒素含量中，

真空冷冻（VFD）"明椒7号"有较好的辣椒素得率，与自然晾晒（ND）和热风（HAD）差异显著（$P < 0.05$），而"明椒8号"三者无显著性差异；由于辣椒素类物质中主要组成为辣椒素和二氢辣椒素，因此，辣椒素类物质总量呈现出与辣椒素和二氢辣椒素相似的变化规律。干制方式对不同类型辣椒色价的影响不同，"明椒7号"无显著差异，而"明椒8号"差异显著，其变化与 a^* 一致，真空冷冻（VFD）色价最高，分别为自然晾晒（ND）和热风（HAD）的2倍和1.84倍，说明温度对黄椒色素成分有较大的影响。脂肪、蛋白质、总糖在干燥过程中易受温度、干燥时间、干燥速率等影响而造成损失，热风（HAD）水分扩散快，所需时间短，脂肪、蛋白质的得率显著高于其他两种方式，自然晾晒（ND）与真空冷冻（VFD）略低。3种方式两种辣椒的总糖均达到显著性差异，总体呈现为自然晾晒（ND）＞真空冷冻（VFD）＞热风（HAD）的趋势，自然晾晒（ND）总糖含量最高，分别为41.38、35.36mg/g，是真空冷冻（VFD）的1.03倍，是热风（HAD）的1.1倍。两种辣椒的粗纤维的含量分别为20.56～20.61、21.91～21.95mg/g，均没有显著性差异。

表4-2　不同干燥方式对高辣辣椒营养成分的影响

成分	明椒7号 MJ7			明椒8号 MJ8		
	自然晾晒（ND）	热风（HAD）	真空冷冻（VFD）	自然晾晒（ND）	热风（HAD）	真空冷冻（VFD）
二氢辣椒素（g/kg）	2.09 ± 0.03c	1.82 ± 0.04a	1.95 ± 0.04b	2.41 ± 0.04b	2.06 ± 0.04a	2.36 ± 0.06b
辣椒素（g/kg）	6.70 ± 0.09a	6.57 ± 0.10a	7.01 ± 0.15b	8.07 ± 0.09a	8.13 ± 0.19a	8.31 ± 0.22a
辣椒素总量（g/kg）	9.77 ± 0.14b	9.33 ± 0.15a	9.95 ± 0.21b	11.64 ± 0.14ab	11.32 ± 0.25a	11.85 ± 0.31b
色价	3.61 ± 0.28a	3.54 ± 0.11a	3.63 ± 0.3a	1.24 ± 0.02a	1.35 ± 0.03b	2.48 ± 0.01c

续表

成分	明椒 7 号 MJ7			明椒 8 号 MJ8		
	自然晾晒（ND）	热风（HAD）	真空冷冻（VFD）	自然晾晒（ND）	热风（HAD）	真空冷冻（VFD）
脂肪（%）	4.45 ± 0.03a	5.65 ± 0.28c	5.12 ± 0.31b	6.29 ± 0.28a	9.42 ± 0.03b	6.29 ± 0.30a
蛋白质（g/100g）	8.34 ± 0.09a	9.19 ± 0.02b	8.53 ± 0.32a	8.26 ± 0.09a	9.90 ± 0.12b	8.28 ± 0.14a
粗纤维（%）	20.56 ± 0.14a	20.61 ± 0.02a	20.56 ± 0.13a	21.95 ± 0.06a	21.91 ± 0.03a	21.92 ± 0.09a
总糖（mg/g）	41.38 ± 0.35c	37.76 ± 0.11a	40.16 ± 0.35b	35.36 ± 0.35c	32.41 ± 0.11a	34.26 ± 0.35b

3. 不同干燥方式高辣辣椒挥发性成分特征

（1）不同干燥方式辣椒挥发性成分谱图分析

利用 GC-IMS 对不同干燥方式辣椒的挥发性成分进行检测，MJ7、MJ8 存在相似的红色簇类物质，表明两种辣椒有着丰富的化合物类型。为了更加直观地比较其差异，取其三维俯视谱图，挥发性成分被较好地分开，分别选取 MJ7- 自然晾晒（ND）、MJ8- 自然晾晒（ND）谱图作为参比，其他相应样品

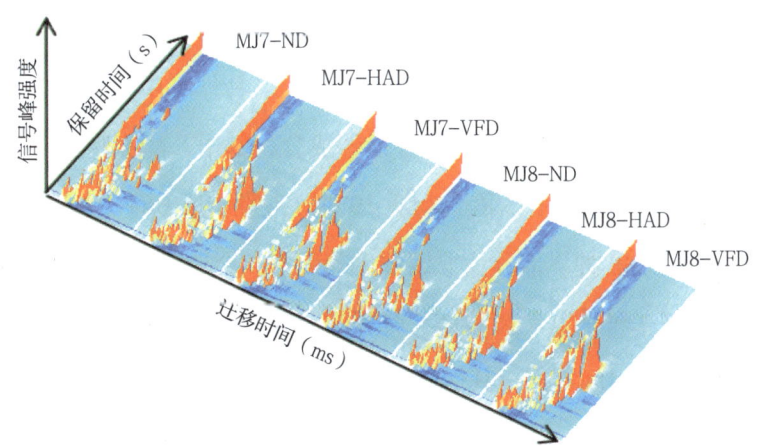

图 4-2 不同干燥方式高辣辣椒样品中挥发性成分 GC-IMS 三维谱图

注：图中红色垂直线表示反应离子峰（RIP），RIP 两侧的每一个点代表一种挥发性成分，点颜色的深浅代表信号强弱，颜色越深表示该物质的浓度越高。

的谱图进行扣减，得到不同样品的差异对比图，扣减背景后白色表示挥发性成分含量在目标样品和参比中相同，红色表示该物质浓度在目标样品中高于参比，而蓝色表示低于参比。在白色背景上呈现出面积不一的红蓝区域，说明不同干燥方式的挥发性类别大体相似，但部分物质在不同样品中含量不同，呈现出相对的差异。

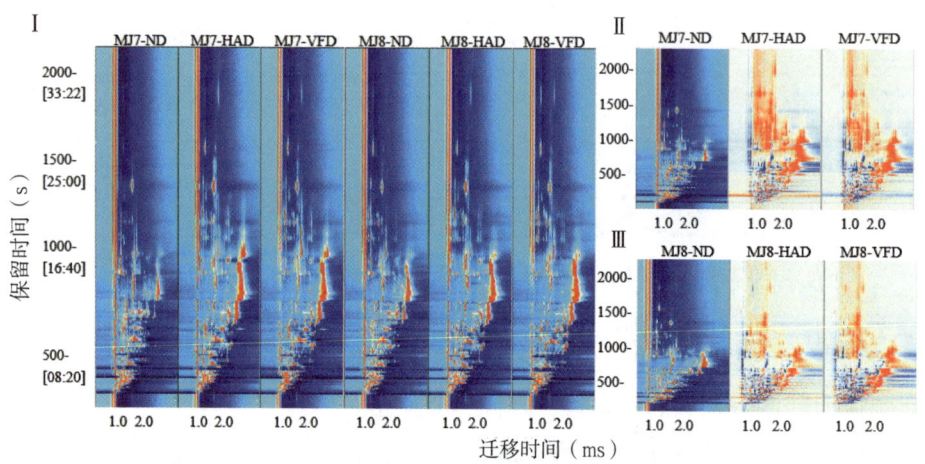

Ⅰ.俯视图；Ⅱ."明椒7号"扣减差异谱图；Ⅲ.明椒8号"扣减差异谱图
图4-3　不同干燥方式高辣辣椒样品中挥发性成分GC-IMS二维谱图

（2）不同干燥方式辣椒挥发性成分组成及含量变化分析

不同干燥方式辣椒挥发性成分结果显示，6种样品中共测定出77个信号峰，经匹配，最终确定73个有效挥发性成分，其中，酯类物质21种、酮类物质9种、醇类物质9种、醛类物质19种、酸类物质6种、烯萜类物质4种以及其他类物质5种。部分物质因浓度等因素，会造成共用一个质子或电子的情况，形成二聚体甚至多聚体。其保留时间相同，这些聚合物其实是一种物质，但因迁移时间不同，其性质不同，故将它们归属于不同的物质。

自然晾晒（ND）较热风（HAD）与真空冷冻（VFD）主要挥发性物质有差异，通过对比发现，MJ7-自然晾晒（ND）、MJ8-自然晾晒（ND）

挥发性成分相似，主要为异戊酸己酯（D）、异戊酸己酯（M）、异丁酸己酯（D）、苯甲醛（M）、丙酮、反式 -2- 戊烯醛（D）等；MJ7- 热风（HAD）、MJ7- 真空冷冻（VFD）、MJ8- 热风（HAD）、MJ8- 真空冷冻（VFD）相似，主要为异戊酸己酯（D）、异丁酸己酯（D）、乙酸正辛酯（D）、异戊酸异戊酯（D）、丙酮等；异戊酸己酯（D）和异丁酸己酯（D）在 6 种样品中的含量均很高，说明其为辣椒的主要挥发性物质。由图 4-4 中可以看出，3 种干燥方式的两种辣椒挥发性成分种类相同，含量存在差异，其中酯类物质含量最高，醛类次之，其余类的占比较低（＜10%）。自然晾晒（ND）酯类物质占比分别为 40.35%、58.66%，以异戊酸己酯（D）、异戊酸己酯（D）为主；醛类物质占比分别为 27.73%、17.82%，包含苯甲醛（M）、反式 -2- 戊烯醛（D）等；热风（HAD）与真空冷冻（VFD）的各类物质组成与自然晾晒（ND）相似，占比略有不同，酯类物质占比高达 72%以上，主要包含异戊酸己酯（D）、异戊酸己酯（D）、乙酸正辛酯（D）和异戊酸异戊酯（D）等，醛类物质占比在 7% 左右，以苯甲醛（M）、异丁醛、反式 -2- 戊烯醛（D）为主。从挥发性物质总量上，自然晾晒（ND）保留较差，自然晾晒（ND）"明椒 7 号"约为热风（HAD）与真空冷冻

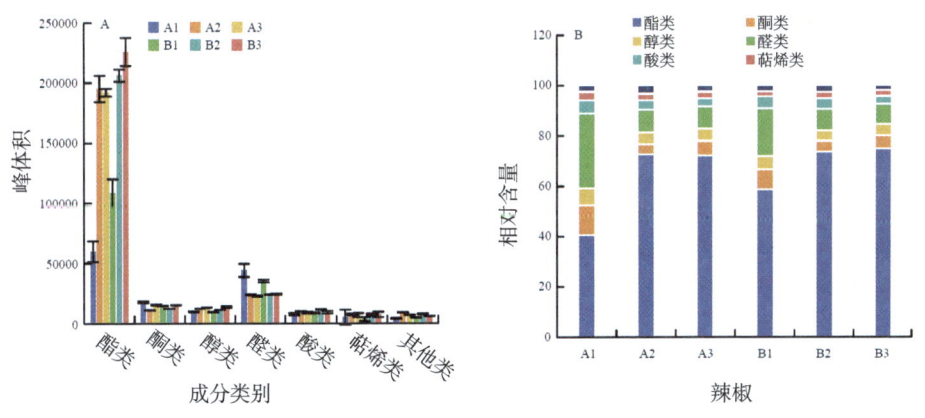

图 4-4　不同干燥方式高辣辣椒挥发性物质的含量

（VFD）的 0.5 倍，自然晾晒（ND）"明椒 8 号"约为 0.6 倍。综上，干燥方式对挥发性物质种类无影响，挥发物构成比例是造成不同干制辣椒风味特色差异的关键物质基础。

（3）指纹图谱分析

对两种辣椒 3 种干燥方式的挥发性成分构建相应指纹图谱，对比其相对含量的差异和变化规律。每一行代表一个辣椒样品中选取的全部信号峰，每一列代表不同样品中同一挥发性成分的含量高低，红的越深代表成分含量越高，反之越少。初步对比可以看出不同样品间既有共同的区域，也有各自的特征峰区域，说明不同干燥方式的挥发性成分存在显著差异。总体来说，热风（HAD）与真空冷冻（VFD）的挥发性成分较一致，与自然晾晒（ND）差异明显，其中壬醛（M）、反式 -2- 乙烯 -1- 醇、仲辛酮、庚醛（D）、庚醛（M）、丁酸乙酯（M）、反式 -2- 戊烯醛在 MJ7- 自然晾晒（ND）和 MJ8- 自然晾晒（ND）中含量较高，2- 异丁基 -3- 甲氧基吡嗪（D）、醋酸丁酯、异戊酸丁酯主要存在于 MJ7- 热风（HAD）和 MJ8- 热风（HAD）中，而香叶醇、2- 甲基丁醛、异己酮在 MJ7- 真空冷冻（VFD）和 MJ8- 真空冷冻（VFD）中达到最高。同时，不同辣椒有其明显的特征峰区域，2- 乙酰基 -5- 甲基呋喃（D）、乙酸香叶酯、F67、罗勒烯（P）在 MJ7- 热风（HAD）、MJ7- 真空冷冻（VFD）中含量较高，苯乙醛、丙酸（M）、羟基丙酮主要存在于 MJ7- 自然晾晒（ND）中，丁内酯（M）、正戊醛（M）、乙酸乙酯（D）在 MJ7- 真空冷冻（VFD）中含量最高。庚醛（D）、正己醛（D）在 MJ8- 自然晾晒（ND）中表现含量最高。2- 乙酰基 -5- 甲基呋喃（D）、异丁酸（M）、F75 在 MJ8- 热风（HAD）中含量最高，苯甲酸异戊酯、苯甲醛（D）、3- 壬烯 -2- 酮、异戊酸异戊酯、2- 甲基丁酸丁酯（D）、F74 在 MJ8- 真空冷冻（VFD）中含量最高。

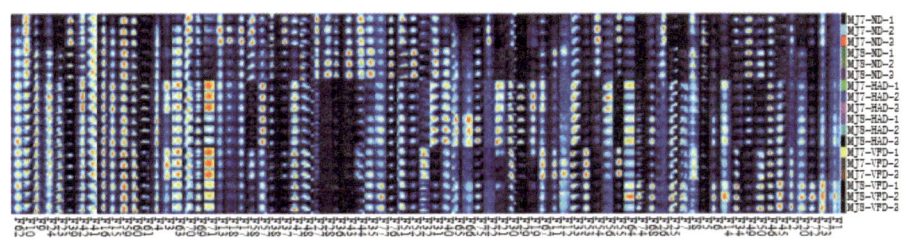

图 4-5　不同干燥方式高辣辣椒样品挥发性成分指纹图谱

（4）不同干燥方式辣椒挥发性成分聚类及主成分分析

　　以挥发性成分峰体积为变量，对不同干燥方式的两种辣椒进行聚类分析，结果见图 4-6，3 种干燥方式辣椒各自聚类，说明不同干燥方式辣椒的挥发性成分有其各自的特征，热风（HAD）和真空冷冻（VFD）距离较近，其挥发性成分含量和类型较接近。该聚类结果与挥发性成分的组成和含量的变化一致。为了更直观地判别不同干燥方式辣椒的挥发性成分，对 6 种辣椒进行 PCA 分析，在置信 95% 的区间下，对贡献率从高到低排列，第一、二主成分的贡献率分别为 47.4%、20.1%，累计贡献率为 67.5%，表明其可以较好地表征不同干燥方式样品的大部分信息，得分情况显示，3 种干燥方式显著分离，

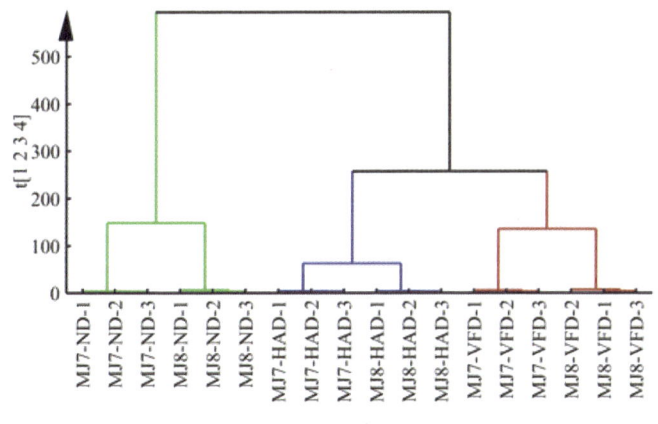

图 4-6　不同干燥方式高辣辣椒聚类分析

在 PC1 轴中，热风（HAD）与真空冷冻（VFD）正向分布，说明二者的挥发性物质较接近，这与聚类结果一致。从图 4-8 中可以看出，各挥发性组分分散分布，大多组分与 3 类样品距离较远，部分组分与各类样品聚集位置较近，说明不同干

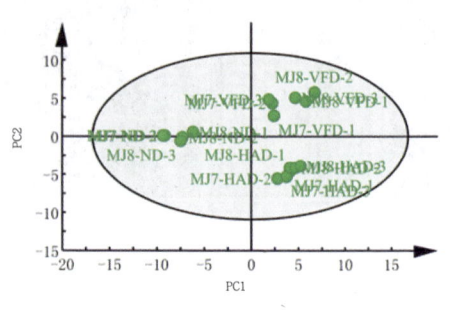

图 4-7　PCA 得分

燥方式对这些组分影响较大，因此有必要对挥发性组分进行进一步分析，筛选干燥方式引起的差异代谢物。

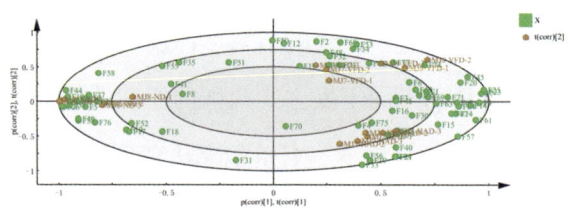

图 4-8　不同干燥方式高辣辣椒与挥发性成分的相关性
（Bioplot）

（5）偏最小二乘 PLS-DA 分析

为了进一步分析不同干燥方式挥发性组分的特征，寻找差异代谢物，利用有监督的 PLS-DA 并建立模型，将自然晾晒（ND）、热风（HAD）和真空冷冻（VFD）各自归为一组，拟合优度系数 R^2X（cum）和 Q^2（cum）分别为 0.915、0.965。3 种干燥方式能较好地分开，说明该模型的拟合结果解释性和预测性好，可用于差异代谢物的筛选。为了进一步验证模型的可靠性，采用 200 次的外部置换验证检验，该模型无过拟合，具有统计学意义。通过对该模型的 VIP 值进行多变量分析，筛选出 VIP > 1 的成分。基于 VIP > 1，且 $P < 0.05$，最终得 19 个差异代谢物，结果如表 4-3 所示，包含酯类 7 种，醛

类7种，醇类1种，酮类1种，其他类1种以及未知1种，这些化合物是不同干制方式辣椒重要特征，在不同方式的选择中发挥着关键作用，其中以异戊酸己酯（D）、异丁酸己酯（D）、醋酸丁酯（D）、异己酮（D）的贡献最大。

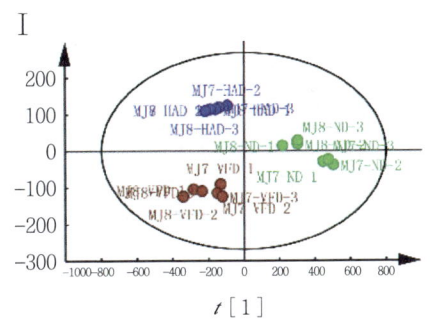
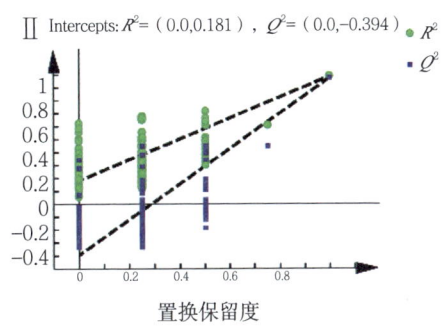

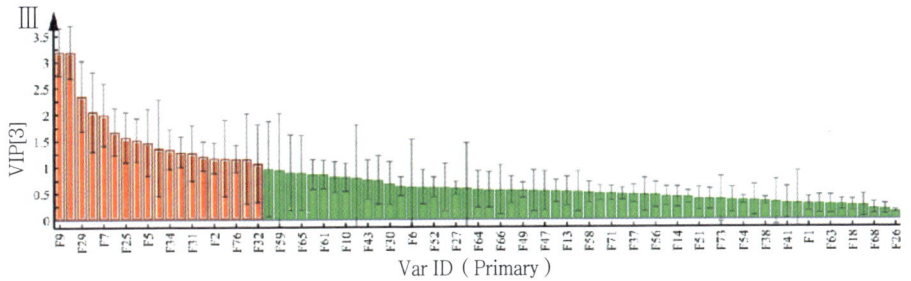

Ⅰ.得分图；Ⅱ.置换验证；Ⅲ.VIP结果

图4-9　PLS-DA分析

表4-3　高辣辣椒差异代谢物列表

排名	VIP值	编号	成分	气味描述
1	3.19	F9	异戊酸己酯（D）	果香
2	3.19	F23	异丁酸己酯（D）	果香
3	2.35	F29	醋酸丁酯（D）	果香
4	2.05	F53	异己酮（D）	芳香酮味
5	1.99	F7	乙酸正辛酯（D）	果香
6	1.67	F21	2-异丁基-3-甲氧基吡嗪（D）	泥土、香料、青椒
7	1.56	F25	异戊酸异戊酯（D）	苹果香

排名	VIP 值	编号	成分	气味描述
8	1.51	F60	异丁醛	麦芽
9	1.47	F5	苯甲醛 (M)	苦杏仁、樱桃及坚果
10	1.36	F74	—	—
11	1.34	F34	2- 甲基丁醛	咖啡、可可
12	1.29	F33	异戊醛	苹果和桃子香
13	1.27	F31	正戊醛 (D)	辛辣、刺激
14	1.20	F40	异戊酸丁酯	香蕉和蓝干酪
15	1.17	F2	香叶醇	玫瑰
16	1.16	F55	乙酸乙酯 (D)	果香
17	1.15	F76	反式 -2- 戊烯醛 (D)	辛辣
18	1.15	F48	异丁醇 (M)	刺激
19	1.06	F32	正戊醛 (M)	辛辣、刺激

（6）Topsis 综合评价模型建立

为了明确各差异成分间的关系，建立可用于评价不同干燥方式优劣的得分模型，筛选最适宜的干燥方式，以 3 个色泽参数〔L^*、a^*（红椒）/b^*（黄椒）和 C〕、7 个差异营养成分以及 19 个差异性挥发性成分为正向指标，熵权法确定变量权重，根据指标的离散程度，在"明椒 7 号"中，权重较大的为苯甲醛、正戊醛、异戊醛、异己酮，在"明椒 8 号"中权重较大的为油脂、蛋白质、异己酮、异丁醛，说明干燥方式对辣椒品质中影响最大的为挥发性成分，其次为营养成分。进一步对其进行优劣解综合评价，结果如表 4-4，真空冷冻（VFD）以综合得分 0.60 和 0.56 位列第一，两种辣椒 3 种干燥方式的 Topsis 得分指数排名为真空冷冻（VFD）＞热风（HAD）＞自然晾晒（ND），说明真空冷冻（VFD）品质表现最优，热风（HAD）其次，自然晾晒（ND）表现最差。

表 4-4　不同干燥方式高辣辣椒的 Topiss 综合评价

类别	明椒 7 号 MJ7	明椒 8 号 MJ8	排名
自然晾晒（ND）	0.40	0.35	3
热风（HAD）	0.45	0.45	2
真空冷冻（VFD）	0.60	0.56	1

4. 结论

本研究结果表明自然晾晒（ND）、热风（HAD）、真空冷冻（VFD）3种方式对两种辣椒干制后的表型、营养成分、挥发性成分影响显著。真空冷冻（VFD）表型与鲜椒最接近，自然晾晒（ND）和热风（HAD）品相较差，其影响整体表现为：热风（HAD）＞自然晾晒（ND）＞真空冷冻（VFD）。营养成分对不同干燥方式的响应不同，真空冷冻（VFD）辣椒素的含量最高，自然晾晒（ND）二氢辣椒素、总糖的表现最佳，热风（HAD）对脂肪、蛋白保留最好。从 2 种辣椒中共测定出 73 个挥发性成分，其种类相同，含量存在差异。挥发性成分以酯类为主，其中，异戊酸己酯（D）、异丁酸己酯（D）、乙酸正辛酯（D）的含量较高。挥发性成分热风（HAD）和真空冷冻（VFD）相似，自然晾晒（ND）损失较大。经分析，最终确定了 19 个特征差异代谢物，其中，异戊酸己酯（D）、异丁酸己酯（D）、醋酸丁酯（D）、异己酮（D）的贡献最大。综合评价分析认为，真空冷冻（VFD）的综合品质较为突出，但真空冷冻（VFD）能耗高，设备成本投入大，如何平衡成本与品质之间的关系是干燥产业的瓶颈，应继续深入研究高质量、低成本的关键干燥技术，以期为高质量的辣椒加工研发提供技术支持。

（二）不同烘干温度对高辣辣椒加工品质的影响

1. 不同烘干温度高辣辣椒外观特征

经不同温度烘干处理后，高辣辣椒外观产生不同程度的变化（图 4-10），"明椒 7 号" A1（40℃）、A2（50℃）的外形与鲜椒最接近，说明低温能较好地保持红椒鲜椒的外形，但低温耗时长，美拉德褐变严重，高温促进焦糖化反应和羰氨反应，使高辣辣椒颜色变深。A3（60℃）、A4（70℃）、A5（80℃）呈现略微的皱缩和颜色变浅，随着温度的升高，质地变硬。"明椒 8 号"（黄椒）的变化趋势与"明椒 7 号"（红椒）大致相同，低温能较好地保留鲜椒的外形，随着温度的升高，皱缩状态越明显。

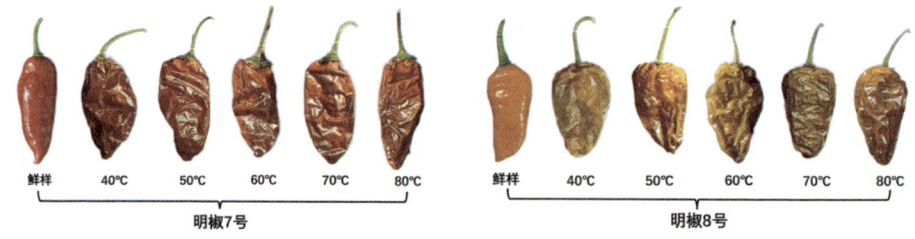

图 4-10　不同烘干温度"明椒 7 号"表型特征　　图 4-11　不同烘干温度"明椒 8 号"表型特征

色泽是干制高辣辣椒商品性的重要评价指标，用 CIE lab 表色系对不同烘干温度辣椒的色泽进行评价，随着干燥温度的升高，"明椒 7 号"（红椒）的亮度 L^* 不断增大，a^* 值趋于平稳状态，饱和度 C 值、色度角 H 值总体呈下降趋势，而"明椒 8 号"（黄椒）的 L^*、b^*、C、H 变化幅度不大，在 50℃时取得最高值，说明干燥温度对"明椒 7 号"（红椒）的影响较大，高温提亮"明椒 7 号"（红椒）的同时降低其饱和度，对"明椒 7 号"（红椒）干椒的商品性有一定的影响。"明椒 8 号"（黄椒）的干燥色泽较稳定，低温（50℃）范围内有较好的表现，干燥时可综合干燥时间、能效等因素选择高效的干燥方式。

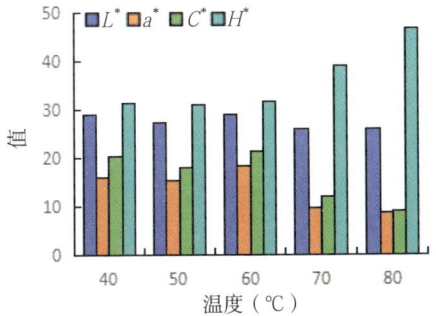

图4-12 不同烘干温度"明椒7号"色差
特征

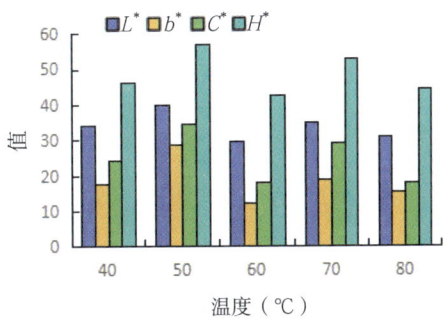

图4-13 不同烘干温度"明椒8号"色差
特征

2. 不同烘干温度高辣辣椒营养品质特征

辣味是辣椒的重要特征，辣椒素类物质总量是辣味强弱的主要载体，它主要由辣椒素和二氢辣椒素组成，随着烘干温度的增加，"明椒7号"（红椒）辣椒素总量趋于平稳，而"明椒8号"（黄椒）呈上升的趋势，由于辣椒碱类物质是一种稳定的化合物，说明高温对黄椒中的其他成分造成了一定的损失，使得单位辣椒素总量含量增多。色价是辣椒商品性的重要指标，"明椒7号"（红椒）和"明椒8号"（黄椒）的色价值趋于平稳，说明高温烘制对辣椒色素类物质影响不大。

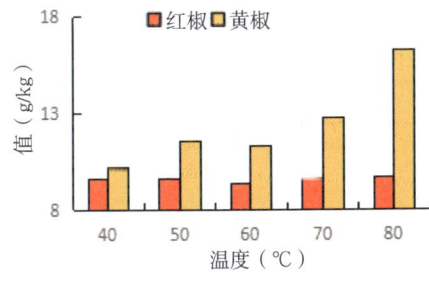

图4-14 不同烘干温度对高辣辣椒辣椒素
总量影响

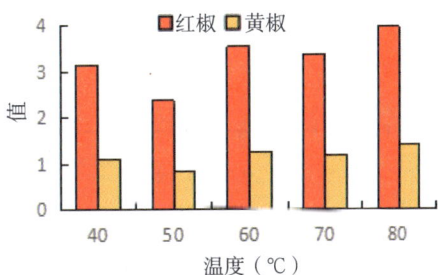

图4-15 不同烘干温度对高辣辣椒色价影响

3. 不同烘干温度高辣辣椒烘干时间及成本分析

采用电热恒温鼓风干燥箱（功率2000W/h）对辣椒进行干燥，不同烘干温度辣椒烘干时间不尽相同，一般情况下含水量越高烘干时间越长。"明椒7号"（红椒）含水量83.2%，5kg"明椒7号"（红椒）在A1（40℃）、A2（50℃）、A3（60℃）、A4（70℃）、A5（80℃）温度条件下，烘干至恒重烘干时间分别为152h、87h、22h、15h、8h；5kg"明椒8号"（黄椒）含水量79.8%，5kg"明椒8号"（黄椒）在B1（40℃）、B2（50℃）、B3（60℃）、B4（70℃）、B5（80℃）温度条件下，烘干至恒重烘干时间分别为125h、50h、18h、12h、8h。耗电量（kW·h）=（功率×烘干时间）/1000计算，"明椒7号"（红椒）在A1（40℃）、A2（50℃）、A3（60℃）、A4（70℃）、A5（80℃）温度条件下，耗电量分别为304kW·h、174kW·h、44kW·h、30kW·h、16kW·h；"明椒8号"（黄椒）在B1（40℃）、B2（50℃）、B3（60℃）、B4（70℃）、B5（80℃）温度条件下，耗电量分别为250kW·h、100kW·h、32kW·h、24kW·h、16kW·h。

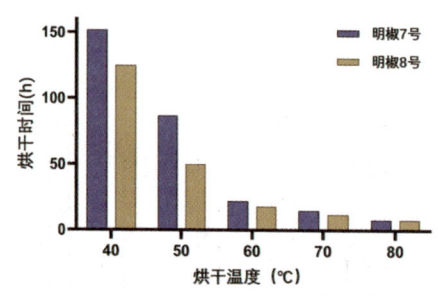

图4-16 不同烘干温度下高辣辣椒烘干时间

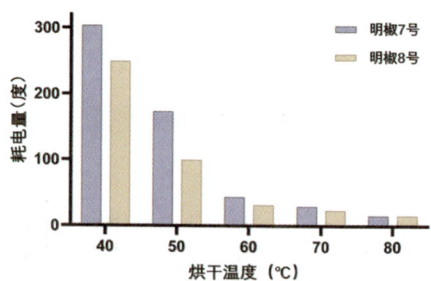

图4-17 不同烘干温度高辣辣椒烘干成本

（三）高辣辣椒烘干工艺

高辣辣椒真空冷冻（VFD）干燥的综合品质较为突出，但能耗高，设备成本投入大，目前，在生产上较难大面积推广；自然晾晒干燥虽然综合品质也较好，但是效率低下，且受天气条件影响较大；而热风干燥时间短、效率高，仍然是目前辣椒干燥的主要手段。通过研究不同烘干温度对高辣辣椒加工品质的影响，总结了一套高辣辣椒烘干工艺。

1. 烘干前处理

（1）预处理

选择新鲜、无破损的高辣辣椒，去除不合格的产品，如表面明显腐烂或过软的辣椒。

（2）清洗

将选好的高辣辣椒进行清洗，去除表面的污物。

（3）铺放

将清洗后的辣椒均匀铺放在托盘上，堆放厚度一般为 20 ~ 30cm，以保证热空气能够均匀接触辣椒。

2. 烘干过程

（1）初始烘干

将辣椒放入烘干机中，设置热风温度在 60℃，初始相对湿度小于 70%，每隔 15min 进行一次翻动；经过 5h 后，相对湿度降至 50% 以下，12h 后，相对湿度应小于 40%。

（2）分段干燥

先将辣椒烘干到含水率约为 50%，进行"踩堆发汗"处理，以调整辣椒内部的水分，然后再进行第二次烘干，直到达到所需的含水率。

需要注意以下几点。

①温度控制：热风温度应控制在 60℃，过高或过低的温度都会影响高辣

辣椒的品质和营养成分。

②湿度控制：初始湿度应小于70%，随着烘干过程的进行，湿度应逐渐降低。

③空气流通：确保烘干机内部的空气流通顺畅，以保证热量和湿气能够均匀传递。

图 4-18　热风干燥机

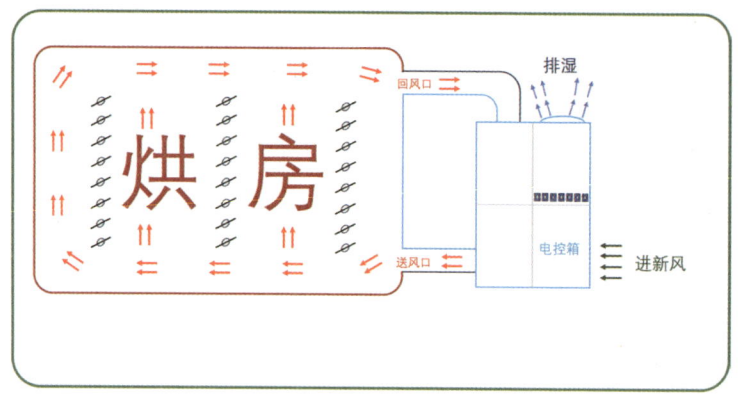

图 4-19　热风干燥示意图

通过以上步骤和参数的控制，可以有效地烘干辣椒，保持其色泽和风味，同时保证其营养成分不受损失。

3. 烘干后处理

（1）风选

辣椒干通过风选机进行风选处理，风选应去除断裂椒等轻杂质，除杂率 ≥ 85%。

（2）过筛

经风选后的产品通过筛选机进行过筛处理，过筛应去除脱落的辣椒明籽、残余辣椒把等杂质，除杂率≥ 80%。

（3）色选

经过筛后的产品通过色选机进行颜色差异选择，色选应去除黑斑、黄梢、花壳、白壳、胡椒，使产品色度均一，也可根据客户需求进行分级色选，除杂率≥ 95%。

图 4-20　辣椒风选机

（4）异物分选

经色选后的产品通过 X- 光机对异物进行扫描分选，应去除金属等杂质，除杂率≥ 99%。

（5）切断

根据生产需求进行切断处理，得到辣椒干。

图 4-21　辣椒色选机

（6）装袋

根据客户需求，分装辣椒干，辣椒干的分装标准为 20kg/ 袋、25kg/ 袋、40kg/ 袋三个规格。包装袋为内、外组成，外袋为聚丙烯材质编织袋，内袋为 55 ~ 65μm 聚氯乙烯袋。

五、辣椒成分检测与产品加工

LAJIAO CHENGFEN JIANCE
YU CHANPIN JIAGONG

（一）辣椒相关成分检测

1. 辣度

辣度是表示辣椒辛辣程度的量化值，用斯科维尔指数（SHU, scoville heat units）表示。辣椒辣味由果实中辣椒素类物质含量所决定。其中，辣椒素和二氢辣椒素的含量占辣椒素类物质含量的90%以上。辣椒素和二氢辣椒素的检测方法主要为高效液相色谱法（参照 GB/T 21266—2007《辣椒及辣椒制品中辣椒素类物质测定及辣度表示方法》）。

图 5-1　高效液相色谱仪

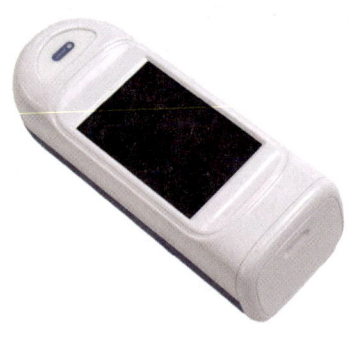

图 5-2　手持式辣度快速检测仪

（1）原理

粉碎或捣碎均匀的样品中的辣椒素类物质用甲醇 – 四氢呋喃（1∶1）混合溶剂经超声提取，然后用高效液相色谱 – 紫外可见光检测器进行色谱分析，采用外标法定量。

（2）试剂和材料

①试剂

水：符合 GB/T 6682—2016《分析实验室用水规格和试验方法》的一级；甲醇：色谱纯；四氢呋喃：色谱纯。

②试剂配制

甲醇－四氢呋喃 (1+1) 混合溶剂：甲醇与四氢呋喃等体积混合均匀。

③标准品

辣椒素标准物质（$C_{18}H_{27}NO_3$，CAS 号：404-86-4），纯度 $\geqslant$ 95%。或经国家认证并授予标准物质证书的标准物质。

二氢辣椒素标准物质（$C_{18}H_{29}NO_3$，CAS 号：19408-84-5），纯度 $\geqslant$ 90%。或经国家认证并授予标准物质证书的标准物质。

④标准溶液配制

辣椒素类物质标准储备液：分别精确称取辣椒素标准物质 0.0526g（精确到 0.0001g）和二氢辣椒素标准物质 0.0556g（精确到 0.0001g），用甲醇溶解并定容至 50.0mL。配成浓度均为 1mg/mL 的辣椒素和二氢辣椒素的混合标准液，密封后贮于 4℃冰箱中备用。

辣椒素类物质标准工作液：分别吸取标准储备液 0mL、0.5mL、1.0mL、1.5mL、2.0mL、2.5mL，用甲醇定容至 25mL，此标准系列浓度为 0μg/mL、20μg/mL、40μg/mL、60μg/mL、80μg/mL、100μg/mL。现配现用。

⑤材料

C18 反相硅胶柱，5μm，4.6mm×250mm；0.45μm 有机相微孔滤膜。

（3）仪器和设备

高效液相色谱仪，配紫外或二极管阵列检测器；分析天平，感量 0.01g 和 0.0001g；组织捣碎机；电动粉碎机，粒度 $\leqslant$ 0.391mm；鼓风干燥箱，30 ~ 300℃ 可调；数控型超声波振荡器，超声工作频率：40kHz；温度可调：20 ~ 80℃。

（4）分析步骤

①样品制备

干辣椒：将样品用电动粉碎机粉碎，或均匀过 50 目筛，称取 2.5 ~ 5.0g

样品（精确到 0.01g）于 50mL 离心管中。

辣椒制品：将辣椒制品搅拌均匀，称取 2.5 ~ 5.0g 样品（精确到 0.01g）于 50mL 离心管中。

新鲜辣椒或含水量 > 15% 的辣椒制品：用组织捣碎机捣碎样品，然后称取 10.0g 样品（精确到 0.1g），置于鼓风干燥箱中 50℃下烘干至水分含量 ≤ 15%。

②试样提取

在样品中加入甲醇 – 四氢呋喃混合溶剂 25mL，旋紧离心管，在 60℃水浴条件下，使用超声波振荡器提取 60min。静置 20min，收集上清液。滤渣重新加入甲醇 – 四氢呋喃混合溶剂 25mL，再次提取，收集两次上清液。用甲醇 – 四氢呋喃混合溶剂定容至 50mL，经 0.45μm 滤膜过滤后进行色谱分析。根据样品中辣椒素类物质总量和检测器的灵敏度，必要时可以适当调整稀释倍数。

③参考色谱条件

色谱柱：Zorbax SB–C18，4.6mm×250mm，5μm（或相当型号色谱柱）。

流动相：甲醇 + 水（65+35）。

进样量：10μL。

流速：1mL/min。

紫外检测波长：280nm。

柱温箱温度：30℃。

（5）结果计算

按 GB/T 21266—2007 中 4.3 的条件进行色谱分析，用标准物质色谱峰的保留时间定性；根据辣椒素、二氢辣椒素标准曲线及试样中的峰面积定量。根据辣椒中辣椒素和二氢辣椒素的含量绘制标准曲线。

①**辣椒素类物质总量计算**

依据测定值按式（1）、式（2）、式（3）计算。

$$W_a = \frac{C_1 \times V}{1000m} \cdots\cdots\cdots\cdots\cdots\cdots\cdots\cdots\cdots (1)$$

式中：

W_a——试样中辣椒素的含量，单位为克每千克（g/kg）；

C_1——由标准曲线上查到的辣椒素含量，单位为微克每毫升（μg/mL）；

V——样品定容体积，单位为毫升（mL）；

m——样品质量，单位为克（g）。

计算结果表示到小数点后三位。

$$W_b = \frac{C_2 \times V}{1000m} \cdots\cdots\cdots\cdots\cdots\cdots\cdots\cdots\cdots (2)$$

式中：

W_b——试样中二氢辣椒素的含量，单位为克每千克（g/kg）；

C_2——由标准曲线上查到的二氢辣椒素含量，单位为微克每毫升（μg/mL）；

V——样品定容体积，单位为毫升（mL）；

m——样品质量，单位为克（g）。

计算结果表示到小数点后三位。

$$W = (W_a + W_b)/0.9 \cdots\cdots\cdots\cdots\cdots\cdots\cdots\cdots (3)$$

式中：

W——试样中辣椒素类物质总量，单位为克每千克（g/kg）；

0.9——辣椒素与二氢辣椒素折算为辣椒素类物质总量的系数。

②**斯科维尔指数（SHU）的计算**

斯科维尔指数 X 的计算见式（4）：

$$X = W \times 0.9 \times (16.1 \times 10^3) + W \times 0.1 \times (9.3 \times 10^3) \cdots (4)$$

式中：

0.9——辣椒素类物质总量的折算系数；

16.1×10^3——辣椒素或二氢辣椒素转换为斯科维尔指数的系数，每 1g/kg 辣椒素或二氢辣椒素相当于 16.1×10^3 SHU；

0.1——其余辣椒素类物质含量的折算系数；

9.3×10^3——其余辣椒素类物质转换为斯科维尔指数的系数，其余辣椒素类物质 1g/kg 相当于 9.3×10^3 SHU。

（6）辣度表示方法及辣度与斯科维尔指数（SHU）的换算

辣椒及辣椒制品中的辣椒素类物质含量高低用辣度表示，单位为度。辣椒素类物质含量越高，辣度越大。

辣度与斯科维尔指数（SHU）的换算关系为：

$$150SHU = 1 \ 度$$

（7）精密度

辣椒素、二氢辣椒素的含量分别取两次测定结果的算术平均值为测定结果，在重复条件下获得的两次独立测试结果的相对偏差不应超过 10%。

（8）测定结果

试验报告中出具辣椒素、二氢辣椒素的含量和辣椒素类物质总量的测定结果。上述测定结果精确到小数点后三位。斯科维尔指数（SHU）和辣度（度）值取整数。

2. 色价

色价是评价辣椒中色素含量高低的重要指标，在国际贸易定价中，色价是重要的决定指标，目前，还没有测定辣椒中色价的国家标准，在实验室测定中主要以分光光度法为主。

（1）原理

辣椒中的色素为类胡萝卜素，它易溶于甲醇、乙醇、丙酮等有机溶剂。试样经有机溶剂提取定容后，用分光光度计于 460nm 处测定吸光度值。

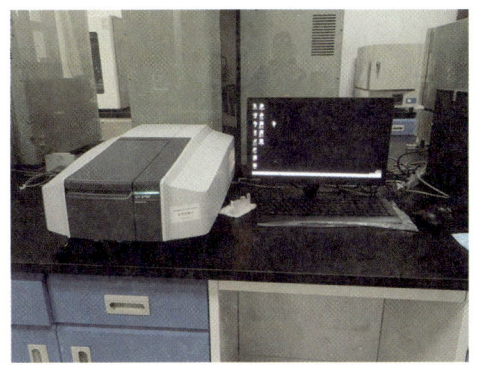

图 5-3 分光光度计

（2）试剂

水：符合 GB/T 6682—2016《分析实验室用水规格和试验方法》规定的三级水；甲醇（CH_3OH）：分析纯。

（3）仪器和设备

天平：感量为 1mg；分光光度计：配 1cm 比色皿；研磨仪；超声波清洗机；标准检验筛：50 目；离心机：最高转速不低于 8000r/min；旋转蒸发仪。

（4）分析步骤

①样品制备

干辣椒中去除籽和柄，选取约 200g 的代表性样品，并在粉碎机上将其磨碎，过 50 目筛。

②提取

称取 0.5g 上述制备试样（精确至 0.1mg）于 50ml 离心管中，加入甲醇 25ml，加盖后置于超声波中常温提取 30min，取出离心管，经 8000r/min 离心 5min，收集上清液，两次提取，取适量上清液，适度稀释，在分光光度计上 460nm 处测吸光度 A（$0.300 < A < 0.700$）。

（5）分析结果的表述

试样的色价按式（1）计算：

$$E460 = A_0 \times F / (G \times 100) \quad\cdots\cdots\cdots\cdots\cdots（1）$$

$E460$——辣椒的色价；

A_0——样品在 460nm 的吸光度；

F——稀释倍数；

G——样品重量，单位为克（g）。

（6）精密度

在重复条件下获得的 3 次独立测定结果的相对标准偏差 RSD 值不超过 10%。

3. 抗坏血酸

抗坏血酸又称维生素 C，是一种水溶性的维生素，它可以促进机体的胶原蛋白与结缔组织的合成，有助于伤口的恢复和愈合；并且还可以清除体内的自由基，避免细胞遭受氧化损害，提高机体的免疫能力。目前，辣椒中的抗坏血酸测定主要有高效液相色谱法和 2,6- 二氯靛酚滴定法（参照 GB 5009.86—2016《食品安全国家标准　食品中抗坏血酸的测定》）。

（1）高效液相色谱法

①原理

试样中的抗坏血酸用偏磷酸溶解超声提取后，以离子对试剂为流动相，经反相色谱柱分离，其中 L（+）- 抗坏血酸和 D（-）- 抗坏血酸直接用配有紫外检测器的液相色谱仪（波长 245nm）测定；试样中的 L（+）- 脱氢抗坏血酸经 L- 半胱氨酸溶液进行还原后，用紫外检测器（波长 245nm）测定 L（+）- 抗坏血酸总量，或减去原样品中测得的 L（+）- 抗坏血酸含量而获得

L（+）- 脱氢抗坏血酸的含量。以色谱峰的保留时间定性，外标法定量。

②试剂和材料

a 试剂

水：符合 GB/T 6682—2016《分析实验室用水规格和试验方法》规定的三级水；偏磷酸（HPO_3）$_n$：含量（以 HPO_3 计）≥ 38%；磷酸三钠（$Na_3PO_4 \cdot 12H_2O$）：分析纯；磷酸二氢钾（KH_2PO_4）：分析纯；磷酸（H_3PO_4）：85%：分析纯；L- 半胱氨酸（$C_3H_7NO_2S$）：优级纯；十六烷基三甲基溴化铵（$C_{19}H_{42}BrN$）：色谱纯；甲醇（CH_3OH）：色谱纯。

b 试剂配制

偏磷酸溶液（200g/L）：称取 200g（精确至 0.1g）偏磷酸，溶于水并稀释至 1L，此溶液保存于 4℃的环境下可保存 1 个月。

偏磷酸溶液（20g/L）：量取 50mL 200g/L 偏磷酸溶液，用水稀释至 500mL。

磷酸三钠溶液（100g/L）：称取 100g（精确至 0.1g）磷酸三钠，溶于水并稀释至 1L。

L- 半胱氨酸溶液（40g/L）：称取 4g L- 半胱氨酸，溶于水并稀释至 100mL。临用时配制。

c 标准品

L（+）- 抗坏血酸标准品（$C_6H_8O_6$）：纯度 ≥ 99%。

D（-）- 抗坏血酸（异抗坏血酸）标准品（$C_6H_8O_6$）：纯度 ≥ 99%。

d 标准溶液配制

L（+）- 抗坏血酸标准贮备溶液（1.000mg/mL）：准确称取 L（+）- 抗坏血酸标准品 0.01g（精确至 0.01mg），用 20g/L 的偏磷酸溶液定容至 10mL。该贮备液在 2 ~ 8℃避光条件下可保存一周。

D（−）−抗坏血酸标准贮备溶液（1.000mg/mL）：准确称取 D（−）−抗坏血酸标准品 0.01g（精确至 0.01mg），用 20g/L 的偏磷酸溶液定容至 10mL。该贮备液在 2～8℃避光条件下可保存一周。

抗坏血酸混合标准系列工作液：分别吸取 L（＋）−抗坏血酸和 D（−）−抗坏血酸标准贮备液 0mL、0.05mL、0.50mL、1.0mL、2.5mL、5.0mL，用 20g/L 的偏磷酸溶液定容至 100mL。标准系列工作液中 L（＋）−抗坏血酸和 D（−）−抗坏血酸的浓度分别为 0μg/mL、0.5μg/mL、5.0μg/mL、10.0μg/mL、25.0μg/mL、50.0μg/mL。临用时配制。

③仪器和设备

天平：感量为 0.1g、1mg、0.01mg；pH 计：精度为 0.01；超声波清洗器；离心机：转速 ≥ 4000r/min；均质机；滤膜：0.45μm 水相膜；振荡器。

④分析步骤

整个检测过程尽可能在避光条件下进行。

a 试样制备

液体或固体粉末样品：混合均匀后，应立即用于检测。

水果、蔬菜及其制品或其他固体样品：取 100g 左右样品加入等质量 20g/L 的偏磷酸溶液，经均质机均质并混合均匀后，应立即测定。

b 试样溶液的制备

称取相对于样品 0.5～2g（精确至 0.001g）混合均匀的固体试样或匀浆试样，或吸取 2～10mL 液体试样［使所取试样含 L（＋）−抗坏血酸 0.03～6mg］于 50mL 烧杯中，用 20g/L 的偏磷酸溶液将试样转移至 50mL 容量瓶中，振摇溶解并定容。摇匀，全部转移至 50mL 离心管中，超声提取 5min 后，于 4000r/min 离心 5min，取上清液 0.45μm 水相滤膜，滤液待测［由此试液可同时分别测定试样中 L（＋）−抗坏血酸和 D（−）−抗坏血酸的含量］。

c 试样溶液的还原

准确吸取 20mL 上述离心后的上清液于 50mL 离心管中，加入 10mL 40g/L 的 L- 半胱氨酸溶液，用 100g/L 磷酸三钠溶液调节 pH 至 7.0 ~ 7.2，以 200 次 /min 振荡 5min。再用磷酸调节 pH 至 2.5 ~ 2.8，用水将试液全部转移至 50mL 容量瓶中，并定容至刻度。混匀后取此试液过 0.45μm 水相滤膜后待测 [由此试液可测定试样中包括脱氢型的 L（＋）- 抗坏血酸总量]。

若试样含有增稠剂，可准确吸取 4mL 经 L- 半胱氨酸溶液还原的试液，再准确加入 1mL 甲醇，混匀后过 0.45μm 滤膜后待测。

d 仪器参考条件

色谱柱：C18 柱，柱长 250mm，内径 4.6mm，粒径 5μm，或同等性能的色谱柱。

检测器：二极管阵列检测器或紫外检测器。

流动相：A：6.8g 磷酸二氢钾和 0.91g 十六烷基三甲基溴化铵，用水溶解并定容至 1L（用磷酸调 pH 至 2.5 ~ 2.8）；B：100% 甲醇。按 A ：B=98 ：2 混合，过 0.45μm 滤膜，超声脱气。

流速：0.7mL/min。

检测波长：245nm。

柱温：25℃。

进样量：20μL。

e 标准曲线制作

分别对抗坏血酸混合标准系列工作溶液进行测定，以 L（＋）- 抗坏血酸 [或 D（－）- 抗坏血酸] 标准溶液的质量浓度（μg/mL）为横坐标，L（＋）- 抗坏血酸 [或 D（－）- 抗坏血酸] 的峰高或峰面积为纵坐标，绘制标准曲线或计算回归方程。

f 试样溶液的测定

对试样溶液进行测定，根据标准曲线得到测定液中 L（+）- 抗坏血酸 [或 D（-）- 抗坏血酸] 的浓度（μg/mL）。

g 空白试验

空白试验系指除不加试样外，采用完全相同的分析步骤、试剂和用量，进行平行操作。

⑤分析结果的表述

试样中 L（+）- 抗坏血酸 [或 D（-）- 抗坏血酸] 的含量和 L（+）- 抗坏血酸总量以毫克每百克表示，

按式（1）计算：

$$X = \frac{(c_1 - c_0) \times V}{m \times 1000} \times F \times K \times 100 \quad \cdots\cdots\cdots\cdots \text{（1）}$$

式中：

X——试样中 L（+）- 抗坏血酸 [或 D（-）- 抗坏血酸、L（+）- 抗坏血酸总量] 的含量，单位为毫克每百克（mg/100g）；

c_1——样液中 L（+）- 抗坏血酸 [或 D（-）- 抗坏血酸] 的质量浓度，单位为微克每毫升（μg/mL）；

c_0——样品空白液中 L（+）- 抗坏血酸 [或 D（-）- 抗坏血酸] 的质量浓度，单位为微克每毫升（μg/mL）；

V——试样的最后定容体积，单位为毫升（mL）；

M——实际检测试样质量，单位为克（g）；

1000——换算系数（由 μg/mL 换算成 mg/mL 的换算因子）；

F——稀释倍数（若使用上述④-c 还原步骤时，即为 2.5）；

K——若使用上述④-c 中甲醇沉淀步骤时，即为 1.25；

100——换算系数（由 mg/g 换算成 mg/100g 的换算因子）。

计算结果以重复性条件下获得的两次独立测定结果的算术平均值表示，结果保留三位有效数字。

⑥精密度

在重复性条件下获得的两次独立测定结果的绝对差值，不得超过算术平均值的10%。

⑦其他

固体样品取样量为2g时，L（+）－抗坏血酸和D（－）－抗坏血酸的检出限均为0.5mg/100g，定量限均为2.0mg/100g。液体样品取样量为10g（或10mL）时，L（+）－抗坏血酸和D（－）－抗坏血酸的检出限均为0.1mg/100g（或0.1mg/100mL），定量限均为0.4mg/100g（或0.4mg/100mL）。

（2）2,6-二氯靛酚滴定法

① 原理

用蓝色的碱性染料2,6-二氯靛酚标准溶液对含L（+）－抗坏血酸的试样酸性浸出液进行氧化还原滴定，2,6-二氯靛酚被还原为无色，当到达滴定终点时，多余的2,6-二氯靛酚在酸性介质中显浅红色，由2,6-二氯靛酚的消耗量计算样品中L（+）－抗坏血酸的含量。

② 试剂和材料

除非另有说明，本方法所用试剂均为分析纯，水为GB/T 6682—2016《分析实验室用水规格和试验方法》规定的三级水。

a 试剂

偏磷酸（HPO_3）n：含量（以HPO_3计）≥ 38%。

草酸（$C_2H_2O_4$）。

碳酸氢钠（$NaHCO_3$）。

2,6-二氯靛酚（2,6-二氯靛酚钠盐，$C_{12}H_6Cl_2NNaO_2$）。

白陶土（或高岭土）：对抗坏血酸无吸附性。

b 试剂的配制

偏磷酸溶液（20g/L）：称取 20g 偏磷酸，用水溶解并定容至 1L。

草酸溶液（20g/L）：称取 20g 草酸，用水溶解并定容至 1L。

2,6- 二氯靛酚（2,6- 二氯靛酚钠盐）溶液：称取碳酸氢钠 52mg 溶解在 200mL 热蒸馏水中，然后称取 2,6- 二氯靛酚 50mg 溶解在上述碳酸氢钠溶液中。冷却并用水定容至 250mL，过滤至棕色瓶内，于 4 ~ 8℃环境中保存。每次使用前，用标准抗坏血酸溶液标定其滴定度。

标定方法：准确吸取 1mL 抗坏血酸标准溶液于 50mL 锥形瓶中，加入 10mL 偏磷酸溶液或草酸溶液，摇匀，用 2,6- 二氯靛酚溶液滴定至粉红色，保持 15s 不褪色为止。同时另取 10mL 偏磷酸溶液或草酸溶液做空白试验。2,6- 二氯靛酚溶液的滴定度按式（2）计算：

$$T = \frac{c \times V}{V_1 - V_0} \quad \cdots\cdots\cdots\cdots\cdots\cdots\cdots\cdots\cdots\cdots\cdots\cdots \quad (2)$$

式中：

T——2,6- 二氯靛酚溶液的滴定度，即每毫升 2,6- 二氯靛酚溶液相当于抗坏血酸的毫克数，单位为毫克每毫升（mg/mL）；

c——抗坏血酸标准溶液的质量浓度，单位为毫克每毫升（mg/mL）；

V——吸取抗坏血酸标准溶液的体积，单位为毫升（mL）；

V_1——滴定抗坏血酸标准溶液所消耗 2,6- 二氯靛酚溶液的体积，单位为毫升（mL）；

V_0——滴定空白所消耗 2,6- 二氯靛酚溶液的体积，单位为毫升（mL）。

c 标准品

L（+）- 抗坏血酸标准品（$C_6H_8O_6$）：纯度 ≥ 99%。

d 标准溶液的配制

L（+）－抗坏血酸标准溶液（1.000mg/mL）：称取100mg（精确至0.1mg）L（+）－抗坏血酸标准品，溶于偏磷酸溶液或草酸溶液并定容至100mL。该贮备液在2～8℃避光条件下可保存一周。

③ 测定

整个检测过程应在避光条件下进行。

试液制备：称取具有代表性样品的可食部分100g，放入粉碎机中，加入100g偏磷酸溶液或草酸溶液，迅速捣成匀浆。准确称取10～40g匀浆样品（精确至0.01g）于烧杯中，用偏磷酸溶液或草酸溶液将样品转移至100mL容量瓶，并稀释至刻度，摇匀后过滤。若滤液有颜色，可按每克样品加0.4g白陶土脱色后再过滤。

滴定：准确吸取10mL滤液于50mL锥形瓶中，用标定过的2,6-二氯靛酚溶液滴定，直至溶液呈粉红色15s不褪色为止。同时做空白试验。

④ 结果计算

试样中L（+）－抗坏血酸含量按式（3）计算：

$$X = \frac{(V-V_0) \times T \times A}{m} \times 100 \cdots\cdots\cdots\cdots\cdots（3）$$

式中：

X——试样中L（+）－抗坏血酸含量，单位为毫克每百克（mg/100g）；

V——滴定试样所消耗2,6-二氯靛酚溶液的体积，单位为毫升（mL）；

V_0——滴定空白所消耗2,6-二氯靛酚溶液的体积，单位为毫升（mL）；

T——2,6-二氯靛酚溶液的滴定度，即每毫升2,6-二氯靛酚溶液相当于抗坏血酸的毫克数（mg/mL）；

A——稀释倍数；

m——试样质量，单位为克（g）。

计算结果以重复性条件下获得的两次独立测定结果的算术平均值表示，

结果保留三位有效数字。

⑤ 精密度

在重复性条件下获得的两次独立测定结果的绝对差值，在 L（+）-抗坏血酸含量大于 20mg/100g 时不得超过算术平均值的 2%。在 L（+）-抗坏血酸含量小于或等于 20mg/100g 时不得超过算术平均值的 5%。

4. 蛋白质

蛋白质是食物的重要成分之一，具有多种的生理保健功能。目前，蛋白质的测定主要有凯氏定氮法、分光光度法以及燃烧法（参照 GB 5009.5—2016《食品安全国家标准 食品中蛋白质的测定》）。

（1）凯氏定氮法

①原理

食品中的蛋白质在催化加热条件下被分解，产生的氨与硫酸结合生成硫酸铵。碱化蒸馏使氨游离，用硼酸吸收后以硫酸或盐酸标准滴定溶液滴定，根据酸的消耗量计算氮含量，再乘以换算系数，即为蛋白质的含量。

②试剂和材料

a 试剂

水：符合 GB/T 6682-2016《分析实验室用水规格和试验方法》规定的三级水；硫酸铜（$CuSO_4 \cdot 5H_2O$）：分析纯；硫酸钾（K_2SO_4）：分析纯；硫酸（H_2SO_4）：分析纯；硼酸（H_3BO_3）：分析纯；甲基红指示剂（$C_{15}H_{15}N_3O_2$）：分析纯；溴甲酚绿指示剂（$C_{21}H_{14}Br_4O_5S$）：分析纯；亚甲基蓝指示剂（$C_{16}H_{18}ClN_3S \cdot 3H_2O$）：分析纯；氢氧化钠（NaOH）：分析纯；95% 乙醇（C_2H_5OH）：分析纯。

b 试剂配制

硼酸溶液（20g/L）：称取 20g 硼酸，加水溶解后并稀释至 1000mL。

氢氧化钠溶液（400g/L）：称取 40g 氢氧化钠加水溶解后，放冷，并稀释至 100mL。

硫酸标准滴定溶液 $[c\ (\frac{1}{2}\ H_2SO_4)]0.0500mol/L$ 或盐酸标准滴定溶液 $c\ (HCl)\ 0.0500mol/L$。

甲基红乙醇溶液（1g/L）：称取 0.1g 甲基红溶于 95% 乙醇，用 95% 乙醇稀释至 100mL。

亚甲基蓝乙醇溶液（1g/L）：称取 0.1g 亚甲基蓝，溶于 95% 乙醇，用 95% 乙醇稀释至 100mL。

溴甲酚绿乙醇溶液（1g/L）：称取 0.1g 溴甲酚绿，溶于 95% 乙醇，用 95% 乙醇稀释至 100mL。

A 混合指示液：2 份甲基红乙醇溶液与 1 份亚甲基蓝乙醇溶液临用时混合。

B 混合指示液：1 份甲基红乙醇溶液与 5 份溴甲酚绿乙醇溶液临用时混合。

③**仪器和设备**

天平：感量为 1mg；消化炉；自动凯氏定氮仪。

④**分析步骤**

称取充分混匀的固体试样 0.2 ~ 2g、半固体试样 2 ~ 5g 或液体试样 10 ~ 25g（相当于 30 ~ 40mg 氮），精确至 0.001g，至消化管中，再加入 0.4g 硫酸铜、6g 硫酸钾及 20mL 硫酸于消化炉进行消化。当消化炉温度达到 420℃ 之后，继续消化 1h，此时消化管中的液体呈绿色透明状，取出冷却后加入 50mL 水，于自动凯氏定氮仪（使用前加入氢氧化钠溶液、盐酸或硫酸标准溶液，以及含有混合指示剂 A 或 B 的硼酸溶液）上实现自动加液、蒸馏、滴定和记录滴定数据的过程。

⑤**分析结果的表述**

试样中蛋白质的含量按式（1）计算：

$$X = \frac{(V_1 - V_2) \times c \times 0.0140}{m \times V_3/100} \times F \times 100 \cdots\cdots (1)$$

式中：

X——试样中蛋白质的含量，单位为克每百克（g/100g）；

V_1——试液消耗硫酸或盐酸标准滴定液的体积，单位为毫升（mL）；

V_2——试剂空白消耗硫酸或盐酸标准滴定液的体积，单位为毫升（mL）；

c——硫酸或盐酸标准滴定溶液浓度，单位为摩尔每升（mol/L）；

0.0140——1.0mL 硫 酸 $[c(\frac{1}{2}H_2SO_4) = 1.000 \text{mol/L}]$ 或 盐 酸 $[c(HCl) = 1.000\text{mol/L}]$ 标准滴定溶液相当的氮的质量，单位为克（g）；

m——试样的质量，单位为克（g）；

V_3——吸取消化液的体积，单位为毫升（mL）；

F——氮换算为蛋白质的系数；

100——换算系数。

蛋白质含量 ≥ 1g/100g 时，结果保留三位有效数字；蛋白质含量 < 1g/100g 时，结果保留两位有效数字。

注：当只检测氮含量时，不需要乘蛋白质换算系数 F。

⑥**精密度**

在重复条件下获得的两次独立测定结果的绝对差值，不得超过算术平均值的10%。

⑦**其他**

当称样量为 5.0g 时，检出限为 8mg/100g。

（2）分光光度法

①原理

食品中的蛋白质在催化加热条件下被分解，分解产生的氨与硫酸结合生成硫酸铵，在 pH4.8 的乙酸钠－乙酸缓冲溶液中与乙酰丙酮和甲醛反应生成黄色的 3,5- 二乙酰 -2,6- 二甲基 -1,4- 二氢化吡啶化合物。在波长 400nm 下测定吸光度值，与标准系列比较定量，结果乘以换算系数，即为蛋白质含量。

②试剂和材料

a 试剂

水：符合 GB/T 6682-2016《分析实验室用水规格和试验方法》规定的三级水；硫酸铜（$CuSO_4 \cdot 5H_2O$）：分析纯；硫酸钾（K_2SO_4）：分析纯；硫酸（H_2SO_4）：优级纯；氢氧化钠（NaOH）：分析纯；对硝基苯酚（$C_6H_5NO_3$）：分析纯；乙酸钠（$CH_3COONa \cdot 3H_2O$）：分析纯；无水乙酸钠（CH_3COONa）：分析纯；乙酸（CH_3COOH）：优级纯；37% 甲醛（HCHO）：分析纯；乙酰丙酮（$C_5H_8O_2$）：分析纯。

b 试剂配制

氢氧化钠溶液（300g/L）：称取 30g 氢氧化钠加水溶解后，放冷，并稀释至 100mL。

对硝基苯酚指示剂溶液（1g/L）：称取 0.1g 对硝基苯酚指示剂溶于 20mL 95% 乙醇中，加水稀释至 100mL。

乙酸溶液（1mol/L）：量取 5.8mL 乙酸，加水稀释至 100mL。

乙酸钠溶液（1mol/L）：称取 41g 无水乙酸钠或 68g 乙酸钠，加水溶解稀释至 500mL。

乙酸钠－乙酸缓冲溶液：量取 60mL 乙酸钠溶液与 40mL 乙酸溶液混合，该溶液 pH4.8。

显色剂：15mL甲醛与7.8mL乙酰丙酮混合，加水稀释至100mL，剧烈振摇混匀（室温下放置稳定3d）。

氨氮标准储备溶液（以氮计）（1.0g/L）：称取105℃干燥2h的硫酸铵0.4720g加水溶解后移于100mL容量瓶中，并稀释至刻度，混匀，此溶液每毫升相当于1.0mg氮。

氨氮标准使用溶液（0.1g/L）：用移液管吸取10.00mL氨氮标准储备液于100mL容量瓶内，加水定容至刻度，混匀，此溶液每毫升相当于0.1mg氮。

③仪器和设备

分光光度计；天平：感量为1mg；电热恒温水浴锅：100±0.5℃；10mL具塞玻璃比色管。

④分析步骤

a 试样消解

称取充分混匀的固体试样0.1～0.5g（精确至0.001g）、半固体试样0.2～1g（精确至0.001g）或液体试样1～5g（精确至0.001g），移入干燥的100mL或250mL定氮瓶中，加入0.1g硫酸铜、1g硫酸钾及5mL硫酸，摇匀后于瓶口放一小漏斗，将定氮瓶以45°角斜支于有小孔的石棉网上。缓慢加热，待内容物全部炭化，泡沫完全停止后，加强火力，并保持瓶内液体微沸，至液体呈蓝绿色澄清透明后，再继续加热0.5h。取下放冷，慢慢加入20mL水，放冷后移入50mL或100mL容量瓶中，并用少量水洗定氮瓶，洗液并入容量瓶中，再加水至刻度，混匀备用。按同一方法做试剂空白试验。

b 试样溶液的制备

吸取2.00～5.00mL试样或试剂空白消化液于50mL或100mL容量瓶内，加1～2滴对硝基苯酚指示剂溶液，摇匀后滴加氢氧化钠溶液中和至黄色，再滴加乙酸溶液至溶液无色，用水稀释至刻度，混匀。

c 标准曲线的绘制

吸取 0.00mL、0.05mL、0.10mL、0.20mL、0.40mL、0.60mL、0.80mL 和 1.00mL 氨氮标准使用溶液（相当于 0.00μg、5.00μg、10.00μg、20.00μg、40.00μg、60.00μg、80.00μg 和 100.00μg 氮），分别置于 10mL 比色管中。加 4.0mL 乙酸钠 – 乙酸缓冲溶液及 4.0mL 显色剂，加水稀释至刻度，混匀。置于 100℃水浴中加热 15min。取出用水冷却至室温后，移入 1cm 比色杯内，以零管为参比，于波长 400nm 处测量吸光度值，根据标准各点吸光度值绘制标准曲线或计算线性回归方程。

d 试样测定

吸取 0.50 ~ 2.00mL（相当于氮 < 100μg）试样溶液和同量的试剂空白溶液，分别于 10mL 比色管中。加 4.0mL 乙酸钠 – 乙酸缓冲溶液及 4.0mL 显色剂，加水稀释至刻度，混匀。置于 100℃水浴中加热 15min。取出用水冷却至室温后，移入 1cm 比色杯内，以零管为参比，于波长 400nm 处测量吸光度值，试样吸光度值与标准曲线比较定量或代入线性回归方程求出含量。

⑤ 分析结果的表述

试样中蛋白质的含量按式（2）计算：

$$X = \frac{(C - C_0) \times V_1 \times V_3}{m \times V_2 \times V_4 \times 1000 \times 1000 \times 100 \times F} \quad \cdots\cdots\cdots\cdots\cdots\cdots (2)$$

式中：

X——试样中蛋白质的含量，单位为克每百克（g/100g）；

C——试样测定液中氮的含量，单位为微克（μg）；

C_0——试剂空白测定液中氮的含量，单位为微克（μg）；

V_1——试样消化液定容体积，单位为毫升（mL）；

V_2——制备试样溶液的消化液体积，单位为毫升（mL）；

V_3——试样溶液总体积，单位为毫升（mL）；

V_4——测定用试样溶液体积，单位为毫升（mL）；

m——试样质量，单位为克（g）；

1000——换算系数；

100——换算系数；

F——氮换算为蛋白质的系数。

蛋白质含量 ≥ 1g/100g 时，结果保留三位有效数字；蛋白质含量 < 1g/100g 时，结果保留两位有效数字。

⑥精密度

在重复条件下获得的两次独立测定结果的绝对差值，不得超过算术平均值的 10%。

⑦其他

当称样量为 5.0g 时，检出限为 0.1mg/100g。

（3）燃烧法

①原理

试样在 900 ~ 1200℃高温下燃烧，燃烧过程中产生混合气体，其中的碳、硫等干扰气体和盐类被吸收管吸收，氮氧化物被全部还原成氮气，形成的氮气气流通过热导检测器（TCD）进行检测。

②仪器和设备

天平：感量为 1mg；氮 / 蛋白质分析仪。

③分析步骤

按照仪器说明书要求称取 0.1 ~ 1.0g 充分混匀的试样（精确至 0.0001g），用锡箔包裹后置于样品盘上。试样进入燃烧反应炉（900 ~ 1200℃）后，在高纯氧（≥ 99.99%）中充分燃烧。燃烧炉中的产物（NOx）被载气二氧化碳或氦气运送至还原炉（800℃）中，经还原生成氮气后检测其含量。

④分析结果的表述

试样中蛋白质的含量按式（3）计算：

$$X=C\times F \quad \cdots\cdots\cdots\cdots\cdots\cdots\cdots\cdots\cdots\cdots\cdots\cdots\cdots\cdots\cdots\cdots\cdots (3)$$

式中：

X——试样中蛋白质的含量，单位为克每百克（g/100g）；

C——试样中氮的含量，单位为克每百克（g/100g）；

F——氮换算为蛋白质的系数。结果保留三位有效数字。

⑤精密度

在重复条件下获得的两次独立测定结果的绝对差值，不得超过算术平均值的 10%。

5. 油脂

油脂是食物组成中的重要部分，也是同质量产生能量最高的营养物质，脂肪在人体内经脂肪酶催化，水解生成甘油（丙三醇）和高级脂肪酸，同时，进一步地氧化分解，释放能量，具有维持体温和保护内脏器官的作用。目前，油脂的测定主要有索氏抽提法和酸水解法（参照 GB 5009.6—2016《食品安全国家标准　食品中脂肪的测定》）。

（1）索氏抽提法

①原理

脂肪易溶于有机溶剂。试样直接用无水乙醚或石油醚等溶剂抽提后，蒸发除去溶剂，干燥，得到游离态脂肪的含量。

②试剂和材料

a 试剂

水：符合 GB/T 6682—2016《分析实验室用水规格和试验方法》规定的三

级水；石油醚（C_nH_{2n+2}）：分析纯，石油醚沸程为 30 ~ 60℃。

b 材料

石英砂；脱脂棉。

③仪器和设备

天平：感量为 0.001g 和 0.0001g；恒温水浴锅；索氏抽提器；电热鼓风干燥箱；干燥器：内装有效干燥剂，如硅胶；滤纸筒；蒸发皿。

④分析步骤

a 试样处理

固体试样：称取充分混匀后的试样 2 ~ 5g，准确至 0.001g，全部移入滤纸筒内。

液体或半固体试样：称取混匀后的试样 5 ~ 10g，准确至 0.001g，置于蒸发皿中，加入约 20g 石英砂，于沸水浴上蒸干后，在电热鼓风干燥箱中于 100℃ ±5℃ 干燥 30min 后，取出，研细，全部移入滤纸筒内。蒸发皿及沾有试样的玻璃棒，均用沾有石油醚的脱脂棉擦净，并将棉花放入滤纸筒内。

b 抽提

将滤纸筒放入索氏抽提器的抽提筒内，连接已干燥至恒重的接收瓶，由抽提器冷凝管上端加入石油醚至瓶内容积的三分之二处，于水浴上加热，使石油醚不断回流抽提（6 ~ 8 次 /h），一般抽提 6 ~ 10h。提取结束时，用磨砂玻璃棒接 1 滴提取液，磨砂玻璃棒上有无油斑表明提取完毕。

c 称量

取下接收瓶，回收石油醚，待接收瓶内溶剂剩余 1 ~ 2mL 时在水浴上蒸干，再于 100℃ ±5℃ 干燥 1h，放干燥器内冷却 0.5h 后称量。重复以上操作直至恒重（直至两次称量的差不超过 2mg）。

⑤ **分析结果的表述**

试样中脂肪的含量按式（1）计算：

$$X \frac{m_1 - m_0}{m_2} \times 100 \quad \cdots\cdots\cdots\cdots\cdots\cdots\cdots\cdots\cdots\cdots\cdots （1）$$

式中：

X——试样中脂肪的含量，单位为克每百克（g/100g）；

m_1——恒重后接收瓶和脂肪的含量，单位为克（g）；

m_0——接收瓶的质量，单位为克（g）；

m_2——试样的质量，单位为克（g）；

100——换算系数。

计算结果精确到小数点后一位。

⑥ **精密度**

在重复性条件下获得的两次独立测定结果的绝对差值，不得超过算术平均值的10%。

（2）酸水解法

①**原理**

食品中的结合态脂肪必须用强酸使其游离出来，游离出的脂肪易溶于有机溶剂。试样经盐酸水解后用石油醚提取，除去溶剂即得游离态和结合态脂肪的总含量。

②**试剂和材料**

a 试剂

水：符合 GB/T 6682—2016《分析室用水规格和试验方法》规定的三级水；乙醇（C_2H_5OH）：分析纯；石油醚（C_nH_{2n+2}）：分析纯，沸程为30～60℃；碘（I_2）：分析纯；碘化钾（KI）：分析纯。

b 试剂配制

盐酸溶液（2mol/L）：量取 50mL 盐酸，加入 250mL 水中，混匀。

碘液（0.05mol/L）：称取 6.5g 碘和 25g 碘化钾于少量水中溶解，稀释至 1L。

c 材料

蓝色石蕊试纸；脱脂棉；滤纸：中速。

③仪器和设备

天平：感量为 0.1g 和 0.001g；恒温水浴锅；电热板：满足 200℃高温；锥形瓶；电热鼓风干燥箱。

④分析步骤

a 试样酸水解

固体试样：称取 2 ~ 5g，准确至 0.001g，置于 50mL 试管内，加入 8mL 水，混匀后再加 10mL 盐酸。将试管放入 70 ~ 80℃水浴中，每隔 5 ~ 10min 以玻璃棒搅拌 1 次，至试样消化完全为止，需要 40 ~ 50min。

液体试样：称取约 10g，准确至 0.001g，置于 50mL 试管内，加 10mL 盐酸。将试管放入 70 ~ 80℃水浴中，每隔 5 ~ 10min 以玻璃棒搅拌 1 次，至试样消化完全为止，40 ~ 50min。

b 抽提

取出试管，加入 10mL 乙醇，混合。冷却后将混合物移入 100mL 具塞量筒中，以 25mL 石油醚分数次洗试管，一并倒入量筒中。待石油醚全部倒入量筒后，加塞振摇 1min，小心开塞，放出气体，再塞好，静置 12min，小心开塞，并用石油醚冲洗塞及量筒口附着的脂肪。静置 10min 将试管放入 70 ~ 80℃水浴中，每隔 5 ~ 10min 以玻璃棒搅拌 1 次，至试样消化完全为止，需要 40 ~ 50min。20min 后，待上部液体清晰，吸出上清液于已恒重的锥形瓶内，再加 5mL 石油醚于具塞量筒内，振摇，静置后，仍将上层乙醚吸出，放入原锥形瓶内。

c 称量

取下接收瓶，回收石油醚，待接收瓶内溶剂剩余 1 ~ 2mL 时在水浴上蒸干，再于 100℃ ±5℃ 干燥 1h，放干燥器内冷却 0.5h 后称量。重复以上操作直至恒重（直至两次称量的差不超过 2mg）。

⑤分析结果的表述

试样中脂肪的含量按式（1）计算：

$$X= \frac{m_1 - m_0}{m_2} \times 100 \quad\cdots\cdots\cdots\cdots\cdots\cdots\cdots（1）$$

式中：

X——试样中脂肪的含量，单位为克每百克（g/100g）；

m_1——恒重后接收瓶和脂肪的质量，单位为克（g）；

m_0——接收瓶的质量，单位为克（g）；

m_2——试样的质量，单位为克（g）；

100——换算系数。

计算结果精确到小数点后一位。

⑥精密度

在重复性条件下获得的两次独立测定结果的绝对差值，不得超过算术平均值的 10%。

6. 总糖

总糖主要指具有还原性的葡萄糖、果糖、戊糖、乳糖等，以及在测定条件下能水解为还原性单糖的蔗糖、麦芽糖及可能部分水解的淀粉，是构成植物体的重要成分之一，也是新陈代谢的主要原料和贮存物质。目前，蛋白质的测定主要有直接滴定法和高锰酸钾滴定法（参照 GB 5009.7—2016《食品安全国家标准　食品中还原糖的测定》）。

（1）直接滴定法

①原理

试样经除去蛋白质后，以亚甲蓝作指示剂，在加热条件下滴定标定过的碱性酒石酸铜溶液（已用还原糖标准溶液标定），根据样品液消耗体积计算还原糖含量。

②试剂和材料

a 试剂

水：符合 GB/T 6682—2016《分析实验室用水规格和试验方法》规定的三级水；盐酸（HCl）：分析纯；硫酸铜（$CuSO_4 \cdot 5H_2O$）：分析纯；亚甲蓝（$C_{16}H_{18}ClN_3S \cdot 3H_2O$）：分析纯；酒石酸钾钠（$C_4H_4O_6KNa \cdot 4H_2O$）：分析纯；氢氧化钠（NaOH）：分析纯；乙酸锌 [$Zn(CH_3COO)_2 \cdot 2H_2O$]：分析纯；冰乙酸（$C_2H_4O_2$）：分析纯；亚铁氰化钾 [$K_4Fe(CN)_6 \cdot 3H_2O$]：分析纯。

b 试剂配制

盐酸溶液（1+1，体积比）：量取盐酸 50mL，加水 50mL 混匀。

碱性酒石酸铜甲液：称取硫酸铜 15g 和亚甲蓝 0.05g，溶于水中，并稀释至 1000mL。

碱性酒石酸铜乙液：称取酒石酸钾钠 50g 和氢氧化钠 75g，溶解于水中，再加入亚铁氰化钾 4g，完全溶解后，用水定容至 1000mL，贮存于橡胶塞玻璃瓶中。

乙酸锌溶液：称取乙酸锌 21.9g，加冰乙酸 3mL，加水溶解并定容于 100mL。

亚铁氰化钾溶液（106g/L）：称取亚铁氰化钾 10.6g，加水溶解并定容至 100mL。

氢氧化钠溶液（40g/L）：称取氢氧化钠4g，加水溶解后，放冷，并定容至100mL。

c 标准品

葡萄糖（$C_6H_{12}O_6$），CAS：50-99-7，纯度 ≥ 99%；

果糖（$C_6H_{12}O_6$），CAS：57-48-7，纯度 ≥ 99%；

乳糖（含水）（$C_6H_{12}O_6 \cdot H_2O$），CAS：5989-81-1，纯度 ≥ 99%；

蔗糖（$C_{12}H_{22}O_{11}$），CAS：57-50-1，纯度 ≥ 99%。

d 标准溶液配制

葡萄糖标准溶液（1.0mg/mL）：准确称取经过98 ~ 100℃烘箱中干燥2h的葡萄糖1g，加水溶解后加入盐酸溶液5mL，并用水定容至1000mL。此溶液每毫升相当于1.0mg葡萄糖。

果糖标准溶液（1.0mg/mL）：准确称取经过98 ~ 100℃干燥2h的果糖1g，加水溶解后加入盐酸溶液5mL，并用水定容至1000mL。此溶液每毫升相当于1.0mg果糖。

乳糖标准溶液（1.0mg/mL）：准确称取经过94 ~ 98℃干燥2h的乳糖（含水）1g，加水溶解后加入盐酸溶液5mL，并用水定容至1000mL。此溶液每毫升相当于1.0mg乳糖（含水）。

转化糖标准溶液（1.0mg/mL）：准确称取1.0526g蔗糖，用100mL水溶解，置具塞锥形瓶中，加盐酸溶液5mL，在68 ~ 70℃水浴中加热15min，放置至室温，转移至1000mL容量瓶中并加水定容至1000mL，每毫升标准溶液相当于1.0mg转化糖。

③仪器和设备

天平：感量为0.1mg；水浴锅；可调温电炉；酸式滴定管：25mL。

④分析步骤

a 试样制备

称取粉碎后的固体试样 2.5 ~ 5g（精确至 0.001g）或混匀后的液体试样 5 ~ 25g（精确至 0.001g），置 250mL 容量瓶中，加 50mL 水，缓慢加入乙酸锌溶液 5mL 和亚铁氰化钾溶液 5mL，加水至刻度，混匀，静置 30min，用干燥滤纸过滤，弃去初滤液，取后续滤液备用。

b 碱性酒石酸铜溶液的标定

吸取碱性酒石酸铜甲液 5.0mL 和碱性酒石酸铜乙液 5.0mL，于 150mL 锥形瓶中，加水 10mL，加入玻璃珠 2 ~ 4 粒，从滴定管中加葡萄糖标准液 [或其他还原糖标准溶液（果糖、乳糖或转化糖）] 约 9mL，控制在 2min 内加热至沸，趁热以 1 滴 /2s 的速度继续滴加葡萄糖 [或其他还原糖标准溶液（果糖、乳糖或转化糖）]，直至溶液蓝色刚好褪去为终点，记录消耗葡萄糖（或其他还原糖标准溶液）的总体积，同时平行操作 3 份，取其平均值，计算每 10mL（碱性酒石酸甲、乙液各 5mL）碱性酒石酸铜溶液相当于葡萄糖（或其他还原糖）的质量（mg）。

注：也可以按上述方法标定 4 ~ 20mL 碱性酒石酸铜溶液（甲、乙液各半）来适应试样中还原糖的浓度变化。

c 试样溶液预测

吸取碱性酒石酸铜甲液 5.0mL 和碱性酒石酸铜乙液 5.0mL，于 150mL 锥形瓶中，加水 10mL，加入玻璃珠 2 ~ 4 粒，控制在 2min 内加热至沸，保持沸腾以先快后慢的速度，从滴定管中滴加试样溶液，并保持沸腾状态，待溶液颜色变浅时，以 1 滴 /2s 的速度滴定，直至溶液蓝色刚好褪去为终点，记录样品溶液消耗体积。

注：当样液中还原糖浓度过高时，应适当稀释后再进行正式测定，使每

次滴定消耗样液的体积控制在与标定碱性酒石酸铜溶液时所消耗的还原糖标准溶液的体积相近，即 10mL 左右，结果按式（1）计算；当浓度过低时则采取直接加入 10mL 样品液，免去加水 10mL，再用还原糖标准溶液滴定至终点，记录消耗的体积与标定时消耗的还原糖标准溶液体积之差相当于 10mL 样液中所含还原糖的量，结果按式（2）计算。

d 试样溶液测定

吸取碱性酒石酸铜甲液 5.0mL 和碱性酒石酸铜乙液 5.0mL，置于 150mL 锥形瓶中，加水 10mL，加入玻璃珠 2 ~ 4 粒，从滴定管滴加比预测体积少 1mL 的试样溶液至锥形瓶中，控制在 2min 内加热至沸，保持沸腾继续以 1 滴 /2s 的速度滴定，直至蓝色刚好褪去为终点，记录样液消耗体积，同法平行操作三份，得出平均消耗体积（V）。

⑤分析结果的表述

试样中还原糖的含量（以某种还原糖计）按式（1）计算：

$$X = \frac{m_1}{m \times F \times V/250 \times 1000 \times 100} \times 100 \quad \cdots\cdots（1）$$

式中：

X——试样中还原糖的含量（以某种还原糖计），单位为克每百克（g/100g）；

m_1——碱性酒石酸铜溶液（甲、乙液各半）相当于某种还原糖的质量，单位为毫克（mg）；

m——试样质量，单位为克（g）；

F——系数，对 GB 5009.7—2016 5.1.1 为 0.8，其余为 1；

V——测定时平均消耗试样溶液体积，单位为毫升（mL）；

250——定容体积，单位毫升（mL）；

1000——换算系数。

当浓度过低时，试样中还原糖的含量（以某种还原糖计）按式（2）计算：

$$X = \frac{m_2}{m \times F \times 10/250 \times 1000} \times 100 \quad \cdots\cdots\cdots (2)$$

式中：

X——试样中还原糖的含量（以某种还原糖计），单位为克每百克（g/100g）；

m_2——标定时体积与加入样品后消耗的还原糖标准溶液体积之差相当于某种还原糖的质量，单位为毫克（mg）；

m——试样质量，单位为克（g）；

F——系数为 0.80；

10——样液体积，单位毫升（mL）；

250——定容体积，单位毫升（mL）；

1000——换算系数。

还原糖含量 ≥ 10g/100g 时，计算结果保留三位有效数字；还原糖含量 < 10g/100g 时，计算结果保留两位有效数字。

⑥精密度

在重复性条件下获得的两次独立测定结果的绝对差值，不得超过算术平均值的 5%。

⑦其他

当称样量为 5g 时，定量限为 0.25g/100g。

（2）高锰酸钾滴定法

①原理

试样经除去蛋白质后，其中还原糖把铜盐还原为氧化亚铜，加硫酸铁后，氧化亚铜被氧化为铜盐，经高锰酸钾溶液滴定氧化作用后生成的亚铁盐，根据高锰酸钾消耗量，计算氧化亚铜含量，再查表得还原糖量。

②试剂和材料

a 试剂

水：符合 GB/T 6682—2016《分析实验室用水规格和试验方法》规定的三级水；盐酸（HCl）：分析纯；氢氧化钠（NaOH）：分析纯；硫酸铜（$CuSO_4 \cdot 5H_2O$）：分析纯；硫酸（H_2SO_4）：分析纯；硫酸铁 [$Fe_2(SO_4)_3$]：分析纯；酒石酸钾钠（$C_4H_4O_6KNa \cdot 4H_2O$）：分析纯。

b 试剂配制

盐酸溶液（3mol/L）：量取盐酸 30mL，加水稀释至 120mL。

碱性酒石酸铜甲液：称取硫酸铜 34.639g，加适量水溶解，加硫酸 0.5mL，再加水稀释至 500mL，用精制石棉过滤。

碱性酒石酸铜乙液：称取酒石酸钾钠 173g 与氢氧化钠 50g，加适量水溶解，并稀释至 500mL，用精制石棉过滤，贮存于橡胶塞玻璃瓶内。

氢氧化钠溶液（40g/L）：称取氢氧化钠 4g，加水溶解并稀释至 100mL。

硫酸铁溶液（50g/L）：称取硫酸铁 50g，加水 200mL 溶解后，慢慢加入硫酸 100mL，冷后加水稀释至 1000mL。

精制石棉：取石棉先用盐酸溶液浸泡 2 ~ 3d，用水洗净，再加氢氧化钠溶液浸泡 2 ~ 3d，倾去溶液，再用热碱性酒石酸铜乙液浸泡数小时，用水洗净。再以盐酸溶液浸泡数小时，以水洗至不呈酸性。然后加水振摇，使成细微的浆状软纤维，用水浸泡并贮存于玻璃瓶中，即可作填充古氏坩埚用。

c 标准品

高锰酸钾（$KMnO_4$），CAS：7722-64-7，优级纯或以上等级。

d 标准溶液配制

高锰酸钾标准滴定溶液 [C（$\frac{1}{5}$ $KMnO_4$）=0.1000mol/L]：按 GB/T 601—2016《化学试剂 标准滴定溶液的制备》配制与标定。

③仪器和设备

天平：感量为 0.1mg；水浴锅；可调温电炉；酸式滴定管：25mL；25mL 古氏坩埚或 G4 垂熔坩埚；真空泵。

④分析步骤

a 试样处理

称取粉碎后的固体试样 2.550g（精确至 0.001g）或混匀后的液体试样 25 ~ 50g（精确至 0.001g），置 250mL 容量瓶中，加水 50mL，摇匀后加碱性酒石酸铜甲液 10mL 及氢氧化钠溶液 4mL，加水至刻度，混匀。静置 30min，用干燥滤纸过滤，弃去初滤液，取后续滤液备用。

b 试样溶液的测定

吸取处理后的试样溶液 50.0mL，于 500mL 烧杯内，加入碱性酒石酸铜甲液 25mL 及碱性酒石酸铜乙液 25mL，于烧杯上盖一表面皿，加热，控制在 4min 内沸腾，再精确煮沸 2min，趁热用铺好精制石棉的古氏坩埚（或 G4 垂熔坩埚）抽滤，并用 60℃热水洗涤烧杯及沉淀，至洗液不呈碱性为止。将古氏坩埚（或 G4 垂熔坩埚）放回原 500mL 烧杯中，加硫酸铁溶液 25mL、水 25mL，用玻棒搅拌使氧化亚铜完全溶解，以高锰酸钾标准溶液滴定至微红色为终点。

同时吸取水 50mL，加入与测定试样时相同量的碱性酒石酸铜甲液、乙液、硫酸铁溶液及水，按同一方法做空白试验。

⑤分析结果的表述

试样中还原糖质量相当于氧化亚铜的质量，按式（3）计算：

$$X_0 = (V - V_0) \times C \times 71.54 \quad \cdots\cdots\cdots\cdots\cdots \quad (3)$$

式中：

X_0——试样中还原糖质量相当于氧化亚铜的质量，单位为毫克（mg）；

V——测定用试样液消耗高锰酸钾标准溶液的体积，单位为毫升（mL）；

V_0——试剂空白消耗高锰酸钾标准溶液的体积，单位为毫升（mL）；

C——高锰酸钾标准溶液的实际浓度，单位为摩尔每升（mol/L）；

71.54——1mL 高锰酸钾标准溶液 $[c\left(\frac{1}{5}KM_nO_4\right)=1.000mol/L]$ 相当于氧化亚铜的质量，单位为毫克（mg）。

根据式中计算所得氧化亚铜质量，查 GB 5009.7—2016《食品安全国家标准 食品中还原糖的测定》中表 A.1，再计算试样中还原糖含量，按式（4）计算：

$$X = m_3/\left(m_4 \times V/250 \times 1000\right) \times 100 \quad\cdots\cdots\cdots（4）$$

式中：

X——试样中还原糖的含量，单位为克每百克（g/100g）；

m_3——查 GB 5009.7—2016 中表 A.1 得还原糖质量，单位为毫克（mg）；

m_4——试样质量或体积，单位为克或毫升（g 或 mL）；

V——测定用试样溶液的体积，单位为毫升（mL）；

250——试样处理后的总体积，单位为毫升（mL）。

还原糖含量 ≥ 10g/100g 时，计算结果保留三位有效数字；还原糖含量 < 10g/100g 时，计算结果保留两位有效数字。

⑥精密度

在重复性条件下获得的两次独立测定结果的绝对差值，不得超过算术平均值的10%。

⑦其他

当称样量为 5g 时，定量限为 0.5g/100g。

7. 粗纤维

粗纤维是植物细胞壁的主要组成成分，包括纤维素、半纤维素、木质素及角质等成分，是食物的重要营养成分之一。目前，辣椒粗纤维的测定主要参照 GB/T 5009.10—2003《植物类食品中粗纤维的测定》，采用凯氏定氮法。

（1）原理

在硫酸作用下，试样中的糖、淀粉、果胶质和半纤维素经水解除去后，再用碱处理，除去蛋白质及脂肪酸，剩余的残渣为粗纤维。如其中含有不溶于酸碱的杂质，可灰化后除去。

（2）试剂和材料

①试剂

水：符合 GB/T 6682—2016《分析实验室用水规格和试验方法》规定的三级水；氢氧化钾（KOH）：分析纯；氢氧化钠（NaOH）：分析纯；盐酸（HCl）：分析纯；浓硫酸（H_2SO_4）：分析纯。

②试剂配制

1.25% 氢氧化钾溶液：称取 1.25g 氢氧化钾，加水溶解后并稀释至 100mL。

1.25% 硫酸：量取 7mL 浓硫酸缓慢加入 987.2mL 的水中，同时不断搅拌，确保混合均匀。

20% 盐酸：100g 浓盐酸加入 82.5g 水中，并混合均匀。

5% 氢氧化钠溶液：称取 5g 氢氧化钠固体，加水溶解后并稀释至 100mL。

石棉：加 5% 氢氧化钠溶液浸泡石棉，在水浴上回流 8h 以上，再用热水充分洗涤。然后用 20% 盐酸在沸水浴上回流 8h 以上，再用热水充分洗涤，干燥。在 600～700℃中灼烧后，加水使成混悬物，贮存于玻塞瓶中。

（3）仪器和设备

天平：感量为 1mg；消化炉；自动凯氏定氮仪。

（4）分析步骤

①称取 20 ~ 30g 捣碎的试样（或 5.0g 干试样）于 500mL 锥形瓶中，加入 200mL 煮沸的 1.25% 硫酸，加热使微沸，保持体积恒定，振摇使瓶内物质充分混合，维持 30min。

②取下锥形瓶，立即用亚麻布过滤后，用沸水洗涤至洗液不呈酸性。

③再用 200mL 煮沸的 1.25% 氢氧化钾溶液，将亚麻布上的存留物洗入原锥形瓶内加热微沸 30min 后，取下锥形瓶，立即以亚麻布过滤，以沸水洗涤 2 ~ 3 次后，移入已干燥称量的垂熔坩埚或垂熔漏斗中，抽滤，用热水充分洗涤后，抽干。再依次用乙醇和乙醚洗涤一次。将坩埚和内容物在 105℃烘箱中烘干后称量，重复操作，直至恒量。

如试样中含有较多的不溶性杂质，则可将试样移入石棉坩埚，烘干称量后，再移入 550℃高温炉中灰化，使含碳的物质全部灰化，置于干燥器内，冷却至室温称量，所损失的量即为粗纤维量。

④结果按式（1）进行计算。

$$X = \frac{G}{m} \times 100\% \quad \cdots\cdots\cdots\cdots\cdots\cdots\cdots\cdots\cdots\cdots\cdots \quad （1）$$

式中：

X——试样中粗纤维的含量；

G——残余物的质量（或经高温炉损失的质量），单位为克（g）；

m——试样的质量，单位为克（g）。

计算结果表示到小数点后一位。

⑤精密度

在重复性条件下获得的两次独立测定结果的绝对差值，不得超过算术平均值的 10%。

（二）辣椒产品加工生产

1. 辣椒干

在食品保存和烹饪过程中，辣椒的脱水干燥是一项重要技术。正确的脱水干燥方法不仅能够有效保留辣椒的营养成分和独特风味，还能延长其保存期限，使我们在没有新鲜辣椒的季节也能享受到其带来的美味。

（1）选择优质的辣椒

选择新鲜、成熟、无病虫害的辣椒作为脱水干燥的原料。优质的辣椒不仅口感更佳，而且在脱水干燥过程中能够更好地保持其原有的风味和营养价值。在选择辣椒时，我们可以根据品种、颜色和大小等因素进行挑选，确保原料的质量。

（2）清洗和预处理

清洗辣椒是脱水干燥前的重要步骤。我们需要将辣椒放入清水中浸泡，然后用流动的水冲洗干净。在清洗过程中，要注意避免损伤辣椒的表皮，以免在脱水干燥过程中产生不必要的破损。清洗完毕后，将辣椒沥干水分，去除蒂部和籽，然后根据需要进行切片或切段处理。干辣椒，是指将辣椒露在空气中晾干，去掉辣椒中的水分，从而达到储存和食用的目的。干辣椒既可以用于烹饪，也可以用于制作调味品。

表 5-1　辣椒主要干燥方式对比

干燥方式	步骤	优缺点
自然晒干	a. 选择辣椒：选择新鲜且成熟的辣椒，辣椒的颜色应该均匀，没有病虫害；b. 清洗辣椒：将辣椒用清水冲洗干净，去除泥土和杂质；c. 晾干辣椒：将清洗干净的辣椒晾在通风良好的地方，例如阳光下或者室内的晾衣架上；d. 翻动辣椒：每隔一段时间，用手或器具翻动一下辣椒，以确保辣椒的均匀干燥；e. 直到完全干燥：根据天气状况，辣椒可能需要晾干几天到几周的时间	它的优点是简便易行，无需设备，可以避免样品受热缩水。但是自然干燥需要时间较长，而且难以控制干燥速度，不适用于一些要求快速处理的实验

续表

干燥方式	步骤	优缺点
热风干燥	a.准备辣椒：选择成熟的辣椒，清洗干净并去除杂质；b.切割辣椒：将辣椒切割成均匀的块或段；c.摆放辣椒：将切好的辣椒均匀地摆放在风干机的网架上，确保彼此之间没有重叠；d.设置风干机：按照风干机的说明，设置合适的温度和时间，一般来说，干辣椒的风干温度在40～60℃，时间根据你喜欢的干燥程度而定；e.开启风干机：将已经摆放好的辣椒放入风干机中，开启机器；f.定时翻动：在风干过程中，每隔一段时间翻动一下辣椒，以确保均匀风干；g.冷却和储存：待辣椒完全冷却后，将其储存在干燥、密封的容器中，以保持其干燥度和辣椒的辣味	它的优点是可以准确地控制干燥温度和时间，适用于多种样品的处理。但是烘箱干燥需要设备，耗费能源，对样品有一定的热损失
冻干干燥	a.将装满辣椒酱的不锈钢托盘放进冻干机的干燥仓内，设置好冻干工艺参数，启动真空冷冻干燥程序，这个过程包括预冻、升华干燥和解析干燥几个阶段，其中预冻温度为-45℃，升华干燥温度为25℃，干燥仓压强为5Pa；b.解析干燥温度为35℃，干燥仓压强为25Pa；c.包装：冻干工艺结束后，得到的冻干剁辣椒被划分成小方块，装袋并进行真空密封包装处理，以便长期保存和运输。整个冻干过程不添加任何防腐剂，能够保留辣椒的天然风味和原有的营养成分，同时解决了鲜辣椒无法长期保存的问题。此外，冻干技术还能最大程度地保留辣椒中的活性物质，如辣椒素和二氢辣椒素，相比传统的高温烘干技术，冻干技术能更好地保持辣椒的营养成分和风味	它的优点是可以在较低温度下干燥，可以避免某些高温情况下可能产生的化学反应，适用于需要保留样品结构和成分的实验。但是真空干燥需要专门的设备，较为复杂，成本较高

图5-4　热风干燥机

图5-5　冻干干燥机

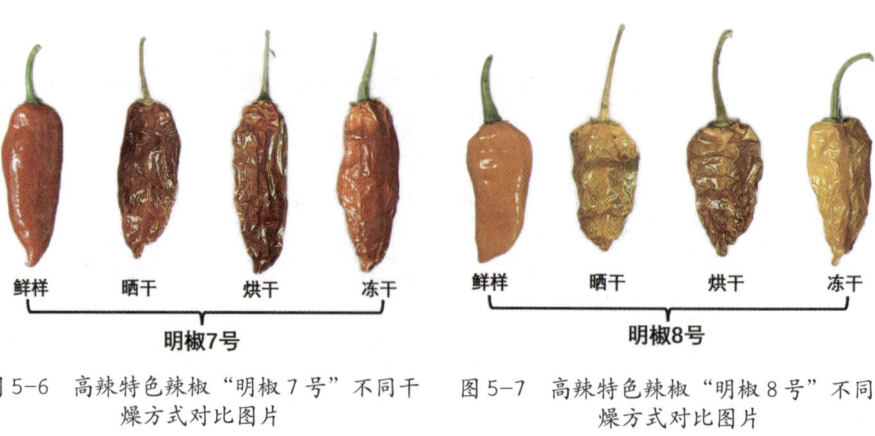

图 5-6 高辣特色辣椒"明椒 7 号"不同干
　　　　燥方式对比图片

图 5-7 高辣特色辣椒"明椒 8 号"不同干
　　　　燥方式对比图片

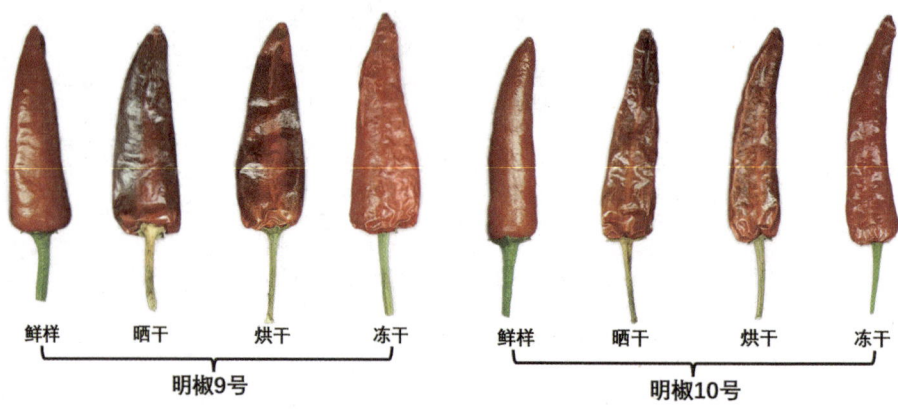

图 5-8 高辣朝天椒"明椒 9 号"不同干燥
　　　　方式对比图片

图 5-9 高辣朝天椒"明椒 10 号"不同干
　　　　燥方式对比图片

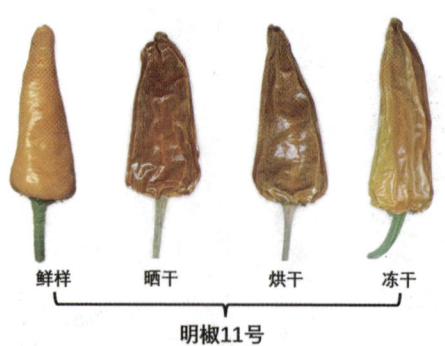

图 5-10 高辣朝天椒"明椒 11 号"不同干
　　　　　燥方式对比图片

2.辣椒酱

辣椒酱、生姜及大蒜，都需要保证处理干净后控干水，才可进行后续的操作，如果带有生水，做辣椒酱很容易变质，另外辣椒需要先洗净控水再去根蒂，避免水流在辣椒的内部，不易晾干；辣椒打碎便可，但不要打成泥状，否则会影响口感，同样的大蒜、生姜和豆豉等也不需要打得太碎，稍微粗一点口感会更加丰富，菜籽油的用量根据实际的情况来定，没过所有的食材即可，用菜籽油炸更香，不建议用玉米油或者是色拉油；炒辣椒酱需要全程小火，慢慢炒，避免炒煳，否则会浪费了一锅好食材，因为豆豉本就很咸，因此无需另外加盐，但加上少许的白糖可以提鲜，做好的辣椒酱需要完全放凉后再装入瓶中保存。

图 5-11 辣椒发酵瓦罐

图 5-12 辣椒发酵池

图 5-13 辣椒发酵罐

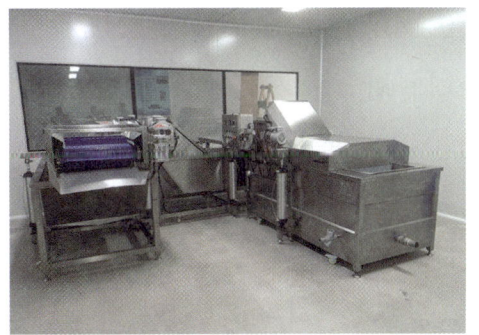

图 5-14 辣椒巴氏杀菌机

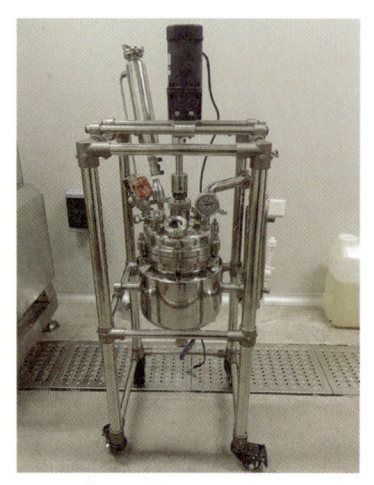

图 5-15 辣椒制酱机

图 5-16 辣椒罐装机

（1）蒜蓉辣椒酱（A）

食材用料：红椒 1000g、青椒 250g、大蒜 4 颗、盐 2 勺、五香粉 1 勺、生抽 2 勺、菜籽油 100g。

做法：青红椒清洗干净，去蒂去籽，再移到太阳下晒干水分；将大蒜去皮，青红椒切块与大蒜一起倒入料理机打碎；起锅烧油，倒入切好的辣椒碎，炒至冒泡，小火再炒 1min；加入盐、五香粉和生抽调味，翻炒 1min，即可出锅。

图 5-17 蒜蓉辣椒酱（A）

（2）蒜蓉辣椒酱（B）

食材用料：红辣椒 600g、蒜末 200g、姜末 100g、盐 5g、白糖 5g、白酒 3g。

做法：红辣椒清洗沥水，去蒂，备

图 5-18 蒜蓉辣椒酱（B）

好蒜末和姜末，红椒剁成碎末；各料搅拌均匀后腌制 0.5h，装入密封容器。

（3）香辣辣椒酱

食材用料：红辣椒 1000g、番茄酱 50g、白芝麻 20g、洋葱 20g、八角 5g、香叶 5g、盐 5g、鸡精 5g、白糖 5g、白酒 3g。

图 5-19　香辣辣椒酱

做法：干椒入锅，翻炒至香味溢出，然后放料理机里面打碎；打碎后倒入锅里搅拌，加入盐、鸡精和白芝麻等，再加入冷油搅拌；把洋葱、香叶、八角倒入锅中，炸干捞掉，用漏斗捞掉渣子，泼入辣椒混合物即可。

（4）五香辣椒酱

食材用料：辣椒粉 40g、酱油 120g、食用油 100g、熟芝麻 20g、花生碎 20g、十三香 5g、五香粉 5g、盐 5g。

图 5-20　五香辣椒酱

做法：将花生碎和熟芝麻用擀面杖碾碎；在辣椒粉中加入十三香、五香粉和盐，再加上碾碎的花生碎和熟芝麻，拌匀；在锅中加入食用油小火加热至五成熟；倒入辣椒粉混合物，加入酱油翻炒，煮沸后关火。

（5）豆瓣辣椒酱

食材用料：发酵成熟的豆瓣酱 1000g、熟辣椒酱 1000g、米酒 20g、番茄酱 20g、蒜 20g。

做法：发酵成熟的甜味豆瓣酱中加入熟辣椒酱、米酒等充分搅匀；装入已灭菌冷却的消毒瓶内，装至离瓶口3～5cm高度停止；注入精制植物油至瓶口2～3cm，然后排气加盖旋紧。

图5-21　豆瓣辣椒酱

（6）剁椒酱

食材用料：红辣椒250g、大蒜仁200g、食盐50g、三花酒50～100g。

做法：将成熟的红辣椒用清水洗净晾干后，放在洗净无油污的案板上剁成碎末，越细越好；辣椒剁细后把辣椒末放入大盆里，将大蒜剁碎，和辣椒末、食盐、三花酒放在一起，搅拌均匀；放

图5-22　剁椒酱

在阳光下晒1～2d，使它自然酱汁化，然后装入干净的大口玻璃瓶内；在酱面上再放入少量三花酒、盖严瓶口。

注意：在阳光好的天气，可打开瓶盖晒太阳，切忌搅拌，以免变味。平时将加工好的酱汁放在通风、阳光充足的地方，这样就可以制出清香质优的辣椒酱。

（7）沙县辣椒酱（A）

原料：新鲜的朝天椒或子弹头红辣椒1000g、盐150g、白醋少许。

做法：辣椒洗净晾干后摘去辣椒蒂，用料理机磨成细腻的酱泥，加适量盐拌匀后装坛，密封；当看到酱泥中有

图5-23　沙县辣椒酱(A)

气泡冒出时，说明辣椒酱已经开始发酵了，加少许白醋继续密封发酵10d左右即可。

（8）沙县辣椒酱（B）

原料：红辣椒 1000g、食盐 50g、50 度以上白酒 5g、五香料 5g、花椒 2g、香料粉 2g。

做法：辣椒洗净晾干后摘去辣椒蒂，与五香料和食盐等一起粉碎，装入坛子；倒入白酒，并把余下的食盐撒在最上面，密封发酵即可。

图 5-24　沙县辣椒酱 (B)

（9）闽西豆豉辣椒酱（A）

原料：朝天椒 250g、豆豉 100g、生姜 40g、大蒜 60g、白糖少许、菜籽油 300mL。

做法：准备好朝天椒，将其清洗干净，放在通风的地方控干水，然后将每个辣椒的蒂都摘去，辣椒放入在料理机中搅碎，但不要太细；大蒜剥皮，放入

图 5-25　闽西豆豉辣椒酱 (A)

料理机中打碎，生姜也同样打碎，最后再放入豆豉打碎。待将所有的食材准备好，锅中添上比较多的菜籽油，将油烧热；微热的状态，放入打碎的豆豉和姜蒜末，小火炒一会，将其香气炒出，待蒜末微微变色时，放入辣椒碎，继续小火炒，让水分挥发；差不多5min 的时间，水分基本收干后，加上点白糖提鲜，可加上点食盐，翻炒均匀，让所有的食材都混合好，关火，晾凉。

准备一个玻璃瓶子；将瓶子用开水烫洗杀菌，晾干，放入晾凉的辣椒酱，瓶口封紧，将其放入冰箱中保存，随取随吃。

（10）四川辣椒酱

原料：郫县豆瓣100g（剁细）、粗辣椒面150g、食盐25g、味精25g、植物油400g、白糖25g、花椒面50g、十三香少量、水发香菇50g（湿重）剁细、白芝麻50g、盐炒花生米75g（剁碎）。

图5-26　四川辣椒酱

做法：炒锅将油烧至高热后再凉至四成热，将所有料（食盐、味精除外）放入锅中，加水两小勺，小火慢熬，并用锅铲不断地翻炒；大约10min后水蒸气变小了，放盐、味精便可出锅，如果加点肉松或海米茸味更佳。

（11）江西辣椒酱

原料：小米椒500g、红尖椒（小）300g、红尖椒（大）300g、大蒜20g、生姜10g、葱10g、豆豉10g，蚝油、糖、食盐少许。

做法：葱洗净滤干水，锅里放油和葱，葱绿放在葱白上，中小火炸干，

图5-27　江西辣椒酱

过滤葱油；将小米椒、大小红尖椒、生姜、大蒜粒放进料理机搅碎（豆豉自己切碎）；中火，锅里放香油，再倒入一点葱油，加入先前搅碎的所有材料（除了豆豉）小火炒；辣椒水分快干时，锅里加入少许蚝油、糖（提鲜）和一点点盐，尝味调整；倒入剩下的葱油，再炒一会儿即可装罐（也可冷却后再装）。

（12）韩国辣椒酱

原料：糯米粉 400g、豆豉粉 400g、辣椒粉 500g、食盐 40g、麦芽酵母粉 10g。

图 5-28　韩国辣椒酱

制作方法：将糯米粉用开水和面，制成圆饼状，中间穿孔后在热水中煮熟捞出，此时，煮糕的水不要倒掉，将其保管好；将煮熟捞出的糯米糕放在铜盆中，在其温热时，打至其出现水泡。如果觉得有点稠硬，可以倒入煮糕的水，做成糊状。煮糕的水，挪到别的碗中，稍凉后，放入麦芽酵母勾芡的水（麦芽酵母勾芡的水要在制作辣椒酱前夜调制，第二天使用），将其发酵；将发酵的糕水，用筛子筛好，重新煮后冷却，将糊状糕放入盆中；完全冷却后，放入辣椒粉充分调匀，其上撒些豆豉粉，将其搅拌均匀。将辣椒酱放入缸中，并放到太阳下，其表面干得硬邦邦时，在上面撒些食盐。

3. 辣椒粉

辣椒粉是一种常用的调味品，具有辣味和丰富的风味。

图 5-29　辣椒打粉机

图 5-30　辣椒粉

（1）辣椒粉的制作方法

①选购辣椒：选择辣度适中的辣椒，要求鲜红色、完好无损且无霉斑。

②晾晒辣椒：将选购好的辣椒晾晒至完全干燥，可以选择自然晾晒或者使用烘焙机、烤箱等工具来加速干燥过程。

③磨粉：将晾干的辣椒放入研磨机或者食品加工机中，磨成细粉末。如果没有机器，也可以使用研磨棒等工具来将辣椒磨成粉末。

④过筛：将磨好的辣椒粉通过细筛进行过筛，去除辣椒粉中的颗粒或杂质。

⑤储存：将制作好的辣椒粉装入干燥、无异味的容器中密封保存，放置于阴凉干燥通风的地方，避免阳光暴晒。

（2）辣椒粉的食用注意事项

①食用量控制：辣椒粉具有辣味，食用时需要根据自己的口味和耐受能力适量添加，避免食用过量引起不适。

②质量选择：购买辣椒粉时，选择正规渠道的品牌，注意查看产品质量合格证明和保质期，避免购买劣质或过期产品。

③储存保鲜：在使用辣椒粉后，将盖子尽快关好，存放于阴凉干燥处，避免阳光直射，防止潮湿或污染。

④过敏风险：对于过敏体质的人群，如对辣椒或香辛料过敏，要注意辣椒粉的使用，以免引起过敏反应。

（3）辣椒粉的应用技巧

①调味品：辣椒粉可以用来为菜肴提味，增加辣味和香气。可以适量添加到炒菜、炖汤、火锅中。

②调色剂：辣椒粉还可以用于美食的装饰和调色，可以用来增加菜品的

色彩层次。

③辣椒油：将辣椒粉加入热油中煮沸一段时间，即可制作出辣椒油，为各种菜肴增添香辣的味道。

④辣椒酱：辣椒粉和食盐、大蒜、酱油等调料混合制作成辣椒酱，可用于拌面、拌饭等食物。

注意：辣椒粉在制作过程中，要选择优质的辣椒，确保晾干完全并注意防潮储存。如果遇到下雨、湿气等情况，可能会导致辣椒变黑。辣椒变黑通常是在烘干过程中没有完全晒干，或者制作过程中没有注意防潮导致的。大部分情况下，辣椒粉变黑不会影响其食用安全性。但是，辣椒变黑可能会导致风味和香气的丧失，影响菜肴的口感。所以，如果辣椒粉变黑，最好是重新购买新鲜完好的辣椒进行制作，以确保食用的品质。

4. 辣椒油

辣椒油是一种调料，其制作方法很讲究。制作时，一般使用辣椒和各种配料、香料通过适当的油温融合在一起，其广受中国川渝地区民众的欢迎。

图 5-31　辣椒油

（1）辣椒油制作（A）

原料：辣椒粉 50g、辣椒碎 50g、熟白芝麻 5g、陈皮适量、姜适量、花椒粒适量、八角适量、香叶适量、白糖适量、盐适量、五香粉适量。

做法：准备熟白芝麻、香叶、八角、花椒粒、陈皮、姜片；取一耐热大碗加入辣椒粉、辣椒碎、熟白芝麻，加入一点白糖、盐和五香粉搅拌均匀；炒锅烧热加入植物油，油温热时加入姜片、八角、花椒粒、香叶、陈皮，中火熬至调料出香味；待姜片微微发焦时拣出各种调料，油加热到冒烟后，关火十几秒，将热油浇在辣椒面上，并用筷子搅拌至上下均匀。

（2）辣椒油制作（B）

原料：辣椒粉 50g、植物油 500g、熟芝麻 5g、八角 2 个、香叶 5 片、桂皮 1 块、花椒适量。

做法：油倒入锅里，加入配料，小火慢炸 20min，直到香气四溢；辣椒粉倒入耐热容器里；倒入熟芝麻，拌匀；油在出锅前，小火转大火到油冒烟，关火，静置 2min，将油倒入辣椒粉里，快速搅拌；搅拌好的热油完全晾凉，入密封瓶保存。

（3）辣椒油制作（C）

原料：干线辣椒 100g、食用油 100g、白芝麻 20g、盐 2g、糖 2g、花椒粉 3g。

做法：辣椒洗净晒干后去掉蒂，剪成 1 ~ 2cm 的段，放入料理机中搅成有点颗粒的粉，但不要磨成碎粉；辣椒粉倒入碗中，加入盐、糖和花椒粉，最上面放上白芝麻，直接用油浇上；锅中放油，烧至七成热；烧热的油浇在碗中，对着芝麻浇；做好的辣椒油放置 2h，放入玻璃瓶中保存。

（4）辣椒油制作（D）

原料：辣椒面 50g、味精适量、香油两勺、盐适量、大葱半根。

做法：辣椒面中拌入两勺香油，让辣椒面湿润，然后加入适量盐和味精；大葱切段；锅中加植物油，小火炸葱段，炸至葱段呈现棕色；将炸好的葱油浇到辣椒面里，一边浇一边搅拌。葱油能让辣椒油变得非常香。

（5）辣椒油制作（E）

原料：干辣椒碎 40g、食用油 150g、香油 10g、花椒十余粒、熟芝麻适量、盐适量。

做法：倒适量干辣椒碎和芝麻在碗底、加入两勺盐；把花椒粒用擀面杖或者研磨器加工成花椒碎，加进碗中；加两勺清水，搅匀；起锅烧热，倒入食用油，烧到七成热时加入香油，香油和食用油的比例大概是1∶15；烧到十成热，油烟四起；热油浇入盛放辣椒和花椒碎的碗中，椒香四溢；凉透后倒进干净的小油瓶里，随吃随取。

（6）红辣椒油

原料：干红辣椒50g、菜籽油或花生油250g、川花椒15粒、白芝麻20g。

做法：干辣椒用水冲洗一下，用干毛巾稍微擦干，铁锅擦干，将辣椒放入锅里，小火焙得酥脆、微微有点煳就可以了；放凉后，放入料理机里打成面；将辣椒面倒入耐热的容器里，放入花椒、白芝麻；用少许水和一下（此举为了防止油温过高，辣椒被炸煳）；锅中倒入适量的菜籽油或其他植物油烧十成热，分几次倒入盛辣椒面的容器，同时用不锈钢勺子搅拌均匀，使其均匀受热；放凉后即可使用。

（7）炸芝麻辣椒油

原料：干红辣椒粉100g、白芝麻20g、花生油200g。

做法：花生油入锅中，中火烧热；干红辣椒粉和白芝麻入碗中，混合均匀；待油升温，稍微冒烟，便可关火，停顿10s后，将热油缓慢倒入辣椒碗中，边倒边用勺子搅拌辣椒粉和油；不停搅拌，至辣椒粉呈淡褐色。辣椒油清澈红亮，拌凉菜、拌面都缺不了它。

（8）飘香辣椒油

原料：辣椒粉100g、花生米20g、菜籽油5大勺、姜5片、大蒜5瓣、精盐2勺、花椒粉1勺。

做法：花生米放锅里小火炒香；姜蒜切末；辣椒粉放入干净无水的碗里；炒香的花生等待冷却后去掉外衣用保鲜膜包好，用擀面杖敲碎；辣椒粉上面加入姜蒜末、花生碎及少量的精盐、花椒粉；坐锅烧热后加入菜籽油（建议用菜籽油，以增加香气），开大火待油开始冒烟就关火；直接倒入碗里，嗞嗞作响，用干净的勺子稍微搅拌均匀；稍微冷却后装干净的玻璃瓶，密封，随吃随取。

5. 腌辣椒

（1）原料

新鲜辣椒 500g、白醋 200mL、食盐 50g、冰糖 30g、水 200mL、大葱 1 根、生姜 3 片、大蒜 3 瓣、辣椒粉适量（可选）。

（2）技术要点

①准备辣椒：将辣椒清洗干净，用刀将辣椒顶端切去，留住辣椒的整个形状。对于不喜欢辣味太重的人，可以将辣椒的籽挖掉。

图 5-32　腌辣椒

②煮制腌料：将水、白醋、食盐、冰糖放入锅中，加热至盐和糖完全溶解。煮沸后，稍微冷却。

③准备容器：大葱切段，生姜切片，大蒜拍碎。将这些配料放入清洁的玻璃瓶中。

④装瓶：将处理好的辣椒放入瓶中，确保瓶子底部没有空气泡。然后倒入稍微冷却的腌料液，直到完全覆盖辣椒。

⑤腌制：封闭瓶口，放置于阴凉干燥处，腌制约 7d 即可食用。腌制过程中可以根据个人口味添加一些辣椒粉增加风味。

6. 脯辣椒

（1）工艺流程

原料选择→清洗→去瓤、籽→切片→护色硬化→漂洗→热烫→糖制→烘干→包装

图 5-33　脯辣椒

（2）技术要点

①原料选择：选用八九成熟、无腐烂、无虫害、个大、肉质肥厚、胎座小的新鲜青椒为原料。

②清洗：用清水洗净泥沙及杂物。

③去瓤、籽：纵切两半，挖去瓤、籽，冲洗干净。

④切片：将青椒切成长 3cm、宽 2cm 左右的长方形的片。

⑤护色硬化：用 0.5% 氢氧化钙溶液浸泡 2h。青椒在碱液中浸泡，使其叶绿素在碱液条件下皂化为叶绿酸盐，从而固定叶绿素，以保持绿色。并且青椒中所含果胶与 Ca^{2+} 反应，生成果胶酸钙，而使青椒硬化。

⑥漂洗：用清水漂洗沥干。

⑦热烫：将青椒片投入煮沸的糖液中烫漂 2min。

⑧糖制：采用蜜制的加工方法，总用糖量与辣椒片量等重。

⑨烘干：将椒片从糖液中捞出，沥干表面的糖液，摆放在烘盘上，送入烘箱中烘干，烘烤温度 55 ～ 60℃，烘至不粘手为止，含水量在 20% 左右。

⑩包装：按脯形大小、饱满程度及色泽分选和修整，合格者装入包装袋中，采用真空包装。

7. 辣椒脆片

（1）工艺流程

原料选择→原料处理→护色、硬化→浸渍→

图 5-34　辣椒脆片

沥干→油炸→脱油→冷却→包装

（2）技术要点

①原料选择：选用八至九成熟、无腐烂、无虫害、个大、肉质肥厚、胎座小的新鲜青椒为原料。

②原料处理：将青椒充分洗涤，然后纵切两半，挖去内部的瓤、籽，用清水冲洗、沥干，再切成长 3cm、宽 1.5 ~ 2cm 的长方形的椒片。

③护色、硬化：将椒片放入 0.5% 氢氧化钙溶液中浸泡 2h，进行硬化和护色处理。

④浸渍：将切好的椒片放入糖液中浸糖，糖液采用 25% 的白糖、3% 的食盐及少量的味精和香料混合而成，时间 3 ~ 4h。

⑤沥干：用水把附在椒片表面的糖液冲去，沥干。

⑥油炸：锅内放生油，烧至七八成热，将椒片放入进行炸制，炸制时应注意火候，并且需不断翻动。待椒片表面的泡沫全部消失，捞出。如有真空油炸机，那么在真空条件下油炸和脱油，则成品质量更佳。油炸真空度 0.09MPa，温度 85℃以下，油炸时间 5min。

⑦脱油：将椒片表面的油控干，也可用离心机除去多余的油分。

⑧冷却：将脱油后的椒片冷却至 40℃左右。

⑨包装：按片形大小、饱满程度及色泽分选，合格者可采用真空包装。

8. 辣椒泡菜

（1）工艺流程

泡菜坛的准备→原料选择→原料处理→配制盐水→入坛泡制→发酵酸化→成品

（2）技术要点

①泡菜坛的准备：将泡菜坛洗涮干净，装满沸水，杀菌 10min，晾干，备用。

②原料选择：选择肉质肥厚、胎座小、硬度好、无虫蛀、无疤痕的辣椒为原料。

③原料处理：将挑选好的辣椒用清水冲洗 3 ~ 4 次，洗净泥沙和杂质，控干表面的水分。

图 5-35　辣椒泡菜

④配制盐水：选用井水或矿泉水配制溶液。按水重加入 6% ~ 8% 食盐、2.5% 白酒、2.5% 黄酒、3% 白糖、1% 干姜片、1% 大蒜瓣。而其他香料如 0.1% 八角、0.1% 花椒、0.1% 甘草、草果、橙皮等用纱布包好，备用。

⑤入坛泡制：将处理好的原料装入坛内，要装得紧实。装入半坛时，将准备好的香料包放入坛内，然后继续装坛直到离坛口 6 ~ 8cm 为止。用竹片卡住，盐水要将原料充分淹没。然后盖好坛盖，并在坛口水槽中加注盐水，形成水封口。

⑥发酵酸化：将泡菜坛置于阴凉处，任其自然发酵。如室内温度在 15 ~ 20℃ 的条件下，10 ~ 15d 即可开坛取食。

⑦成品：优质的辣椒泡菜应该是清洁卫生、香气浓郁、质地清脆，含盐 2% ~ 4%，含酸 0.4% ~ 0.8%，保持辣椒原有颜色，酸、甜、咸、辣适口。

9.辣椒胶囊

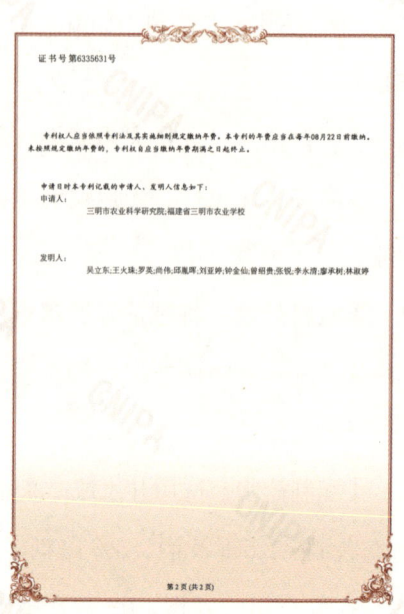

图 5-36　发明专利证书

（1）背景技术

辣椒中含有辣椒素能促进血液循环，刺激汗腺分泌，加速新陈代谢，让皮肤上的血液流向身体的各个部位，使身体感到温暖，具有御寒保暖的作用；辣椒富含维生素，维生素 A、维生素 C 能够增强人体耐寒能力和对寒冷环境的适应能力。现在很多人，冬天手脚冰凉，怕寒怕冷，而辣椒会使人体产生一种热量，在寒冷的冬天或高寒地区也会觉得特别温暖，这也是红军在爬雪山、过草地及登山运动员在登山时经常吃辣椒御寒的原因。然而，有些人对辣椒非常敏感，不习惯吃辣，对辣难以入口。

肠溶胶囊系指用肠溶材料包衣的颗粒或小丸充填于胶囊而制成的硬胶囊，或用适宜的肠溶材料制备而得的硬胶囊或软胶囊。肠溶胶囊在酸性的胃中不崩解，而在碱性的肠道内能够崩解而释放活性成分。

目前，国内外在胶囊油脂类产品水溶性方面的研究和生产有较多的报道，而辣椒粉的脂溶性胶囊的研究报道还未见到。

（2）发明内容

为了克服现有技术中存在的缺点和不足，本发明的目的在于提供一种辣椒胶囊的制备方法，该辣椒胶囊的制备通过采用真空冻干的方法能够保留辣椒中的维生素成分，维生素 A、维生素 C 能够增强人体耐寒能力和对寒冷环境的适应能力。另外采用肠溶胶囊封装辣椒粉末，对于不习惯吃辣的人来说入口无不良口感，胶囊在食道和胃中不崩解，在肠道中崩解，对人体食道和胃黏膜几乎无损伤，保护了食道和胃，辣椒粉末被肠道直接吸收，促进全身血液循环，起到御寒保暖作用。

（3）制作方法及步骤

S1：选择老熟辣椒切除果柄，洗净、晾干，消毒灭菌后进行真空冻干处理，备用；

S2：用研磨机将步骤 S1 中得到的冻干的辣椒碾磨成辣椒粉末，备用；

S3：取肠溶胶囊壳材制作肠溶胶囊壳，备用；

S4：用胶囊机将步骤 S2 中得到的辣椒粉末封装在步骤 S3 中得到的肠溶胶囊壳内，得到辣椒胶囊；

S5：密封包装辣椒胶囊。

步骤 S1 中，选择辣度为 1 万～3 万斯科维尔的老熟辣椒；步骤 S2 中，辣椒粉末的颗粒度为 80～120 目。

步骤 S1 中，冻干处理时在真空环境中，温度为 -46～-38℃条件下速冻后再快速升华。

步骤 S3 中，所述肠溶胶囊壳材包括如下重量份的原料：淀粉 – 明胶 – 壳聚糖交联复合物 8 ~ 16 份、肠溶性材料 10 ~ 30 份、增塑剂 0.1 ~ 0.5 份、乳化剂 1 ~ 5 份、过硫酸钾 0.5 ~ 1.0 份、着色剂 0 ~ 0.05 份和去离子水 10 ~ 15 份。

所述淀粉 – 明胶 – 壳聚糖交联复合物通过如下步骤制得：

E1：称取 8 ~ 12 份淀粉、4 ~ 8 份聚醋酸乙烯酯和 8 ~ 16 份明胶，加入适量的水调制成质量浓度为 15% ~ 20% 溶液，再加入 1 ~ 3 份交联剂，升温至 55 ~ 65℃加热 10 ~ 15min 制得混合物，备用；

E2：称取 6 ~ 14 份壳聚糖溶于适量的酸性溶液中，过滤制得质量浓度为 8% ~ 12% 的壳聚糖溶液，备用；

E3：将步骤 E2 中得到壳聚糖溶液加入步骤 E1 中得到的混合物中混合均匀，并调节体系的 pH 值为 6 ~ 8，搅拌 10 ~ 20min，将溶液浇铸在塑料容器中，放入真空干燥箱 50 ~ 55℃干燥 20 ~ 24h；

E4：干燥完毕，所得物质粉碎，过 10 ~ 15 目筛，得到淀粉 – 明胶 – 壳聚糖交联复合物。

所述肠溶性材料为麦芽糊精、阿拉伯胶、羧甲基纤维素、海藻酸钠、黄原胶、聚乙烯乙酸苯二甲酸酯、肠溶性丙烯酸树脂、邻苯二甲酸羟丙基甲基纤维素、1,2,4- 苯三甲酸乙酸纤维素、1,2,4- 苯三甲酸羟丙基甲基纤维素、琥珀酸乙酸纤维素、琥珀酸乙酸羟丙基甲基纤维素、聚乙烯醇中的至少两种。

所述乳化剂是由十二烷基硫酸钠、吐温 80 和单双甘油脂肪酸酯按照重量比为（0.8 ~ 1.2）：（0.6 ~ 1.0）：（0.4 ~ 0.8）组成的混合物。

所述增塑剂为甘油或聚乙二醇。

所述肠溶胶囊壳材通过如下步骤制得：

按照重量分，将淀粉 – 明胶 – 壳聚糖交联复合物、肠溶性材料、增塑剂、乳化剂、过硫酸钾和着色剂混合搅拌均匀，通过 20 ～ 40 目筛网得到混合物 A，备用；

将混合物 A 与去离子水混合搅拌均匀，置于真空干燥箱 50 ～ 60℃干燥得到肠溶胶囊壳材。

一种辣椒胶囊，其特征在于：所述辣椒胶囊由前面要求任一项所述辣椒胶囊的制备方法制得。

 参考文献

[1] 王利群,张西露,戴雄泽.我国辣椒资源分类研究现状及探讨 [J].辣椒杂志,2015, 13(2): 1-5.

[2] 曹雨,中国食辣史 [M].北京:北京联合出版公司,2019.

[3] 张慜,刘倩.国内外果蔬保鲜技术及其发展趋势 [J].食品与生物技术学报,2014, 33(8): 785-792.

[4]Ken C Gross, Watada A E, Kang M S, et al.Biochemical changes associated with the ripening of hot pepper fruit[J].Physiologia Plantarum, 1986, 66(1): 31-36.

[5] 张维一,张之菱,张友杰,等.辣椒果实成熟、贮藏期间的生理变化 [J].园艺学报, 1980, 7(1): 17-23.

[6] 张慜,高中学,过志梅.生鲜果蔬食品保鲜品质调控技术专论 [M].北京:科学出版社, 2016.

[7] 黄雪梅,张昭其,段学武.1-MCP 处理对辣椒常温贮藏效果的影响 [J].中国蔬菜, 2003, 1(1): 9-11.

[8]Lim C S, Kang S M, Cho J L. Bell Pepper(*Capsicum annuum* L.) Fruits are Susceptible to Chilling Injury at the Breaker Stage of Ripeness[J]. Hortscience A Publication of the American Society for Horticultural Science, 2007, 42(7): 1659-1664.

[9]Ilić Z S,Trajković R, Perzelan Y.et al. Influence of 1-Methylcyclopropene (1-MCP) on Postharvest Storage Quality in Green Bell Pepper Fruit[J]. Food Bioprocess Technology, 2012, 5(7): 2758-2767.

[10]Rego E R D, Rêgo M M D, Finger F L.Production a Breeding of Chilli Peppers (*Capsicum* spp.)[M]. Springer International Publishing, 2016.

[11] 高瑞霞,林桂荣.青椒品种耐贮性的初步试验 [J].沈阳农业大学学报,1987, 18(3): 67-74.

[12] 张海利, 李焕秀. 不同成熟度辣椒果实中 Vc 及糖含量测定 [J]. 甘肃农业科技, 2007(1): 5-7.

[13] 李燕, 孙思胜, 李琴, 等. 不同成熟度辣椒果实中 Vc 含量的测定 [J]. 现代农业科技, 2010(2): 116+118.

[14] 高怀春. 辣椒果实维生素 C 含量变化的研究 [D]. 山东农业大学, 2004.

[15] 高怀春. 辣椒果实存放及熟化过程中维生素 C 含量变化的研究 [J]. 食品工业科技, 2007(2): 227-229.

[16] 曹健康, 姜微波, 赵玉梅. 果蔬采后生理生化实验指导 [M]. 北京: 中国轻工业出版社, 2009.

[17] 王金玲, 吕长山, 于广建. 光对储存期辣椒果实辣椒素含量的影响 [J]. 中国农学通报, 2005, 21(9): 96-98.

[18] 胡振帮, 王金玲, 吕长山, 等. 光暗条件对储藏期辣椒果实中辣椒素含量的影响 [J]. 东北农业大学学报, 2009, 40(3): 31-34.

[19] 刘红斌. 辣椒商品化处理及贮运保鲜技术 [J]. 保鲜与加工, 2007, 7(3): 53-55.

[20] 蓬桂华. 辣椒贮藏保鲜技术及品质变化的研究进展 [J]. 贵州农业科学, 2011, 39(7): 177-179.

[21] 肖晶, 陈维信, 刘爱媛, 等. 辣椒采后病害发生情况 [J]. 中国蔬菜, 2008, 1(6): 13-16.

[22] 李家政, 周延文, 唐巨颖. 甜椒采后生理及保鲜技术研究进展 [J]. 北方园艺, 2010(19): 214-217.

[23] 赵月, 陶乐仁, 陈娟娟. 包装材料和贮藏温度对辣椒冷藏货架期品质变化的影响 [J]. 食品与发酵科技, 2015, 51(1): 25-30.

[24] Wang C Y. Chilling Injury of Horticultural Crops[M].Boca Raton:CRC Press, 1990.

[25] Hameed R, Malik A U, Khan A S, et al. Evaluating the Effect of Different Storage

Conditions on Quality of Green Chillies (*Capsicum annuum* L.)[J]. 2015, 24(4): 391.

[26] 周颖军. 热处理技术在果蔬贮藏中的应用研讨 [J]. 黑龙江科学, 2017(19): 24-25.

[27] 蓬桂华, 张爱民, 邢丹, 等. UV-C 照射剂量对辣椒果实贮藏效果的影响 [J]. 贵州农业科学, 2015(1): 149-153.

[28] 丁华, 王建清, 王玉峰, 等. 论果蔬保鲜中的气调包装技术 [J]. 湖南工业大学学报, 2016, 30(2): 90-96.

[29] 任邦来, 李学朋. 不同浓度赤霉素处理对辣椒保鲜效果的影响 [J]. 中国食物与营养, 2013, 19(12): 52-55.

[30] 栗子茜, 高彦祥. 壳聚糖在果蔬涂膜保鲜的应用 [J]. 中国食品添加剂, 2018(01): 139-145.

[31] 代小梅, 凌莉, 姜丽, 等. 壳聚糖处理对辣椒保鲜效果的研究 [J]. 中国调味品, 2015(7): 47-50.

[32] 任邦来, 林丽丽. 不同浓度水杨酸处理对辣椒保鲜效果的影响 [J]. 中国食物与营养, 2014, 20(6): 54-56.

[33] 朱丽琴, 张伟, 汪伟, 等. 外源草酸对辣椒保鲜效果和抗氧化防御系统的影响 [J]. 江西农业大学学报, 2013, 35(3): 521-524.

[34] 张懋, 冯彦君. 果蔬生物保鲜新技术及其研究进展 [J]. 食品与生物技术学报, 2017, 36(5): 449-455.

[35] 蔡文韬, 夏菠, 夏延斌, 等. 解淀粉芽孢杆菌发酵液处理提高辣椒采后品质 [J]. 农业工程学报, 2013, 29(23): 253-261.

[36] 蓬桂华, 杨万荣, 苏丹, 等. 中草药处理对辣椒贮藏特性的影响 [J]. 安徽农业科学, 2014(13): 4036-4040.

[37] 林巧, 辛竹琳, 孔令博, 等. 我国辣椒产业发展现状及育种应对措施 [J]. 中国农业大学学报, 2023, 28(05): 82-95.

[38] 张子峰.我国辣椒产业发展现状、主要挑战与应对之策 [J].北方园艺 ,2023,(14):153-158.

[39] 邹学校,马艳青,戴雄泽,等.辣椒在中国的传播与产业发展 [J].园艺学报,2020, 47(09):1715-1726.

[40] 高伦江,曾小峰,贺肖寒,等.辣椒采后贮藏生理及保鲜技术研究进展 [J].南方农业 ,2019,13(01):96-100.DOI:10.19415/j.cnki.1673-890x.2019.1.026.

[41] Lucía Guevara,María Ángeles Dominguez-Anaya, Alba Ortigosa, et al. Identification of compounds with potential therapeutic uses from sweet pepper (*Capsicum annuum* L.) fruits and their modulation by nitric oxide (NO)[J]. International Journal of Molecular Sciences, 2021, 22(9): 4476.

[42] 谢宇璐,陆妍,陈雅莉,等.低温条件下茶多酚对甜樱桃果实采后贮藏品质的影响 [J].现代园艺 ,2024,47(03):31-34.

[43]Chitravathi K, Chauhan O P, Raju P S. Postharvest shelf-life extension of green chillies (*Capsicum annuum* L.) using shellac-based edible surface coatings[J]. Postharvest Biology & Technology, 2014(92): 146-148.

[44] 张乐乐,刘紫薇,任雨洁,等.机械损伤对果蔬采后品质的影响及其控制方法 [J].食品研究与开发 ,2024,45(11):195-201.

[45] 赵月,陶乐仁,陈娟娟.包装材料和贮藏温度对辣椒冷藏货架期品质变化的影响 [J].食品与发酵科技 ,2015,51(01):25-30.

[46] 肖晶,陈维信,刘爱媛,等.辣椒采后病害发生情况 [J].中国蔬菜,2008(06):13-16.

[47]Vicente A R, Pineda C, Lemoine L, et al. UV-C treatments reduce decay, retain quality and alleviate chilling injury in pepper[J]. Postharvest Biology & technology, 2005, 35(1): 69-78.

[48]Manolopoulou H, Xanthopoulos G, Douros N, et al. Modified atmosphere packaging storage of green bell peppers: Quality criteria[J]. Biosystems

Engineering, 2010, 106 (4): 535-543.

[49] 张晓宇, 王艳颖, 王红岩, 等. 间歇升温对采后辣椒冷害发生及生理变化的影响 [J]. 现代园艺, 2019(21):16-18.DOI:10.14051/j.cnki.xdyy.2019.21.007.

[50] 孙小静, 王雪雅, 苏丹, 等. 不同温度对气调包装青椒贮藏品质的影响 [J]. 食品科技, 2023, 48(08):29-36.

[51] 侯建设, 李中华, 江杰. 冷害温度下薄膜包装对青椒贮藏效果的研究 [J]. 食品科技, 2002,(09):66-67+70.

[52] 孔祥佳, 林河通, 陈雅平, 等. 低温贮藏对"长营"橄榄果实采后生理和贮藏品质的影响 [J]. 包装与食品机械, 2011,29(2):1-5.

[53] 林河通, 瓮红利, 张居念, 等. 果实采前套袋对龙眼果实品质和耐贮性的影响 [J]. 农业工程学报, 2006,22(11):232-237.

[54] 赵梅霞, 闫师杰, 肖丽霞, 等. 红外 CO_2 分析器测定果实呼吸强度参数初探 [J]. 现代仪器, 2005,11(2):30-32.

[55] 孔祥佳, 林河通, 郑俊峰, 等. 热空气处理诱导冷藏橄榄果实抗冷性及其与膜脂代谢的关系 [J]. 中国农业科学, 2012,45(4):752-760.

[56] 张淑杰, 胡婷婷, 刘红开, 等. 果蔬采后硬度变化研究进展 [J]. 保鲜与加工, 2018,18(04):141-146.

[57] 隽加香. 低温胁迫下番茄植株光合及呼吸代谢特性的研究 [D]. 东北农业大学, 2015.

[58] Bartz J A, Brecht J K. Postharvest physiology and biochemistry of fruits and vegetables[M]. Woodhead Publishing, 2018.

[59] 张群, 周文化, 谭欢, 等. 葡萄果实采后自溶软化与细胞膜完整性及线粒体内能量代谢的关系 [J]. 现代食品科技, 2016,32(12):45-54.

[60] 蓬桂华, 韩世玉, 张爱民, 等. 低温对辣椒贮藏特性的影响 [J]. 长江蔬菜, 2014(14):41-46.

[61] 唐醒. 辣椒有机栽培关键技术 [J]. 辣椒杂志, 2021,19(01):26-28.

[62] 张鹏, 郝聪聪, 薛友林, 等. 蔬菜贮藏保鲜技术研究进展 [J]. 包装工程, 2023, 44(05):111-120.

[63] 何炬才, 康仕成, 张冬敏, 等. 不同贮藏温度对黄晶果采后生理和贮藏品质的影响 [J]. 食品科学, 2023, 44(21):213-219.

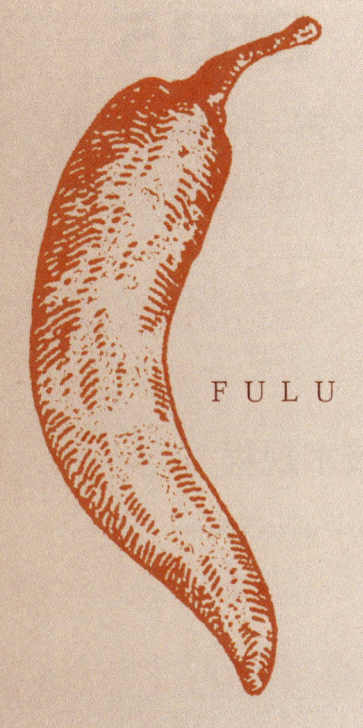

FULU 附 录

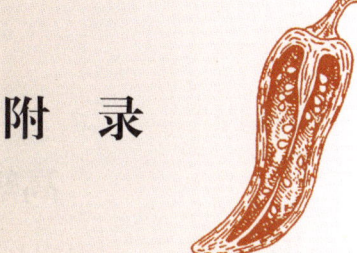

（一）高辣辣椒栽培技术规程（DB35/T 2134-2023）

ICS 65.020.20
CCS B 05

DB35

福 建 省 地 方 标 准

DB35/T 2134—2023

高辣辣椒栽培技术规程

Technical regulation for cultivation of high spicy pepper

2023 - 10 - 25 发布   2024 - 01 - 25 实施

福建省市场监督管理局   发 布

DB35/T 2134—2023

目　次

DB35/T 2134—2023

前　言

本文件按照GB/T 1.1—2020《标准化工作导则　第1部分：标准化文件的结构和起草规则》的规定起草。

请注意本文件的某些内容可能涉及专利。本文件的发布机构不承担识别专利的责任。

本文件由三明市市场监督管理局提出。

本文件由福建省农业农村厅归口。

本文件起草单位：三明市农业科学研究院、三明市沙县区市场监督管理局、福建省农业科学院作物研究所、福建省三明市农兴种苗有限公司、三明市沙县区农业科学研究所、三明市沙县区农业农村局。

本文件主要起草人：李永清、吴立东、陈如沧、吴祥辉、曾绍贵、邱胤晖、罗英、薛珠政、廖承树、张锐、尚伟、罗翔、邱林华、黄文莉、郑会坦、冯鸿弦。

DB35/T 2134—2023

高辣辣椒栽培技术规程

1　范围

本文件规定了高辣辣椒栽培的产地环境、品种选择、育苗、田间管理、病虫害防治、采收及生产档案管理等要求。

本文件适用于辣度在斯科维尔指数50 000 SHU以上的辣椒在福建省地区的栽培。

2　规范性引用文件

下列文件中的内容通过文中的规范性引用而构成本文件必不可少的条款。其中，注日期的引用文件，仅该日期对应的版本适用于本文件；不注日期的引用文件，其最新版本（包括所有的修改单）适用于本文件。

GB/T 8321(所有部分)　农药合理使用准则

GB 16715.3　瓜菜作物种子　第3部分：茄果类

GB/T 23416.2　蔬菜病虫害安全防治技术规范　第2部分：茄果类

GB/Z 26583　辣椒生产技术规范

3　术语和定义

下列术语和定义适用于本文件。

3.1

斯科维尔指数　scoville heat units；SHU

国际上用来表示辣感强弱的量化值。

4　产地环境

产地应远离污染源，宜选择土壤疏松、肥沃，排水良好，前茬为非茄科作物的砂壤土或壤土地块种植。

5　品种选择

5.1　种子质量应符合 GB 16715.3 要求。

5.2　根据目标市场要求，选择高产、抗病、适应性强、座果集中，辣度在斯科维尔指数 50 000 SHU以上的品种。

DB35/T 2134—2023

6 育苗

6.1 播种前准备

6.1.1 苗床育苗

可采用大中棚或小拱棚育苗。选择地势高，2年~3年未种过茄科作物的田块做苗床，畦高约30 cm，畦面宽约100 cm。于苗床表面撒入2 cm~3 cm厚的已消毒的蔬菜育苗基质。

6.1.2 穴盘育苗

可采用保护地育苗。可用蔬菜商品育苗基质作为培养土。选用50孔或72孔穴盘育苗。

6.2 种子处理

6.2.1 温汤浸种

种子用50 ℃~55 ℃温汤浸种15 min~20 min，不停搅拌，直至水温降至28 ℃左右，宜在此温度下继续浸种8 h~10 h。

6.2.2 药剂处理

将种子用0.1%高锰酸钾浸种15 min，或用10%磷酸三钠浸种20 min~30 min后，洗净沥干。

6.2.3 催芽

催芽按GB/Z 26583处理。

6.3 播种

6.3.1 播种期

根据海拔高度不同确定播种时间。低海拔地区（海拔≤400 m），播种期一般宜在12月下旬至翌年1月上中旬；中高海拔地区（海拔＞400 m），播种期一般宜在1月中旬至2月上旬。

6.3.2 播种方法

6.3.2.1 苗床育苗播种

先浇足底水。苗床育苗采用条播法播种，播完种后，覆盖一层0.5 cm~1 cm厚蔬菜育苗基质盖种，浇透水后盖上小拱棚。播种量2 g/m²~4 g/m²。

6.3.2.2 穴盘育苗播种

穴盘育苗采用点播法播种。穴盘均匀填满基质，打1 cm深播种穴，每穴点播1粒种子，覆盖基质，刮平，浇透水。

6.4 苗期管理

6.4.1 温度

育苗棚内白天温度宜保持在25 ℃~30 ℃，夜间温度宜保持在15 ℃~20 ℃，白天棚内温度超过30 ℃或夜间低于15 ℃，则应通过打开薄膜加强通风透气，通过覆盖薄膜保温增温措施。

2

6.4.2　水分

出苗前苗床基质或表土应保持湿润，出苗后视墒情选晴天上午适度浇水，湿度不宜过大。

6.4.3　光照

应保持薄膜清洁，维持充足光照。小拱棚育苗在温度15 ℃以上可揭膜增加光照。

6.4.4　病害预防

注意预防猝倒病、病毒病等苗期病害。

6.5　定植

6.5.1　定植前准备

深翻土壤，结合整地施足基肥，每667 m²施用商品有机肥300 kg～500 kg和40 kg～50 kg三元复合肥。畦宽带沟60 cm～80 cm，畦高约30 cm。定植前1周控水控肥，增加光照，炼苗。

6.5.2　定植苗规格

苗5～8片真叶，叶色深绿、茎秆粗壮、根系发达，无病虫害，无机械损伤。

6.5.3　定植时期

在3月下旬至4月下旬，地温稳定在10 ℃以上时定植为宜。

6.5.4　定植密度

根据品种特性选择适宜的种植密度，株距60 cm～80 cm，行距60 cm～80 cm，每667 m²栽1 000～1 800株为宜。

7　田间管理

7.1　水分管理

定植后浇足定根水，以后根据天气情况及土壤墒情，保持土壤田间持水量为65%～75%（手握成团不滴水），不积水。

7.2　追肥

移栽后7 d～10 d施苗肥，可用浓度为0.2%～0.4%尿素水溶液，用量约5 kg/667 m²；始花期前根据植株长势，可追施1～2次高氮三元复合肥，每次用量20 kg/667 m²；盛花期可施30 kg/667 m²的高钾三元复合肥。采收期视植株长势情况，每采收1～2次追肥1次，用量同盛花期。

7.3　搭架整枝

株高约50 cm时搭架绑枝。整枝时，摘除第一分叉以下的侧芽。后期宜摘除下部老叶。

8 病虫害防治

8.1 防治原则

采取"预防为主,综合防治"的原则,优先采用农业防治、物理防治、生物防治,科学合理地使用化学药剂防治。

8.2 防治方法

8.2.1 农业防治

实行与非茄科作物轮作,做好田园清洁,合理灌溉和平衡施肥。

8.2.2 物理防治

可结合信息素,用黄板诱杀白粉虱、蚜虫,用蓝板诱杀蓟马,盖银灰地膜驱避蚜虫,使用频振式杀虫灯等诱杀趋光性蛾类成虫。

8.2.3 生物防治

利用害虫天敌昆虫控制蚜虫、白粉虱等害虫。

8.2.4 化学防治

按GB/T 8321(所有部分)和GB/T 23416.2执行。

9 采收

遵守农药安全间隔期,根据市场需求和辣椒商品成熟度分批采收。

10 生产档案管理

应建立辣椒生产档案,详细记录基地田间农事活动,见附录A。生产记录应保存两年以上。

DB35/T 2134—2023

附 录 A
（资料性）
生产基地田间农事活动记录

表A.1给出了生产基地田间农事活动记录的参考格式。

表A.1 生产基地田间农事活动记录

作物种类				
品种名称		生产基地		
起始日期		种植规模		
产品认证	发证日期		有效期至	
施肥	肥料名称	肥料数量	施肥方式	施肥日期
农药	农药名称	农药数量	用药方式	用药日期
其他农事活动	农事活动	活动内容		活动日期

注：其他农事活动包括：耕田、起垄、移栽、浇水、除草、培土、采收等。

制表人：   日期：

（二）高辣朝天椒质量分级（DB35/T 2202-2024）

ICS 67.220
CCS B 36

DB35

福 建 省 地 方 标 准

DB35/T 2202—2024

高辣朝天椒质量分级

Quality grading of high spicy pod pepper

2024 - 09 - 05 发布　　　　　　　　2024 - 12 - 05 实施

福建省市场监督管理局　　发 布

DB35/T 2202-2024

目 次

DB35/T 2202-2024

前　言

本文件按照GB/T 1.1—2020《标准化工作导则　第1部分：标准化文件的结构和起草规则》的规定起草。

请注意本文件的某些内容可能涉及专利。本文件的发布机构不承担识别专利的责任。

本文件由福建省农业农村厅提出并归口。

本文件起草单位：三明市农业科学研究院、三明市市场监督管理局、福建省农产品加工推广总站、三明市农业农村局、福建省农业科学院农业质量标准与检测技术研究所、福建省三明市农业学校。

本文件主要起草人：吴立东、庄丽琼、尚伟、李永清、韦航、邱胤晖、林淑婷、张锐、徐磊、王火珠、刘亚婷、曾慧芳、邱林华、洪钦辰、曾绍贵、傅建炜、黄一承、廖承树、钟柳青。

DB35/T 2202-2024

高辣朝天椒质量分级

1　范围

本文件规定了高辣朝天椒的要求、检验方法和检验规则。

本文件适用于食品加工用的高辣朝天椒（鲜椒和干椒）的质量分级，鲜食参照执行。

2　规范性引用文件

下列文件中的内容通过文中的规范性引用而构成本文件必不可少的条款。其中，注日期的引用文件，仅该日期对应的版本适用于本文件；不注日期的引用文件，其最新版本（包括所有的修改单）适用于本文件。

GB 2761　食品安全国家标准　食品中真菌毒素限量

GB 2762　食品安全国家标准　食品中污染物限量

GB 2763　食品安全国家标准　食品中农药最大残留限量

GB 5009.3　食品安全国家标准　食品中水分的测定

GB 5009.6　食品安全国家标准　食品中脂肪的测定

GB/T 5009.10　植物类食品中粗纤维的测定

GB 5009.86　食品安全国家标准　食品中抗坏血酸的测定

GB/T 12729.2　香辛料和调味品　取样方法

GB/T 21265　辣椒辣度的感官评价方法

NY/T 1278　蔬菜及其制品中可溶性糖的测定铜还原碘量法

NY/T 2103　蔬菜抽样技术规范

SN/T 0231　出口干制辣椒产品检验规程

3　术语和定义

GB/T 21265界定的以及下列术语和定义适用于本文件。

3.1

高辣朝天椒　high spicy pod pepper

斯科维尔指数在50 000 SHU以上的朝天椒。

注：高辣朝天椒包括鲜椒和干椒。

3.2

不完善椒　faulty pod pepper

失去部分食用价值或椒体不全的朝天椒。

注：不完善椒包括畸形椒、破损椒、病虫椒以及不成熟椒。

4　要求

4.1　基本要求

4.1.1　真菌毒素限量应符合 GB 2761 的要求；污染物限量应符合 GB 2762 的要求；农药残留限量应符

1

合 GB 2763 的要求。

4.1.2 鲜椒果实应充分老熟，果面洁净，无霉斑，无异味；干椒果实应充分干燥，果面洁净，无霉斑，无异味，水分含量小于 12%。

4.2 鲜椒指标要求

鲜椒感官指标应符合表1的规定，理化指标应符合表2的规定。

表 1　鲜椒感官指标

项目	级别		
	特级	一级	二级
果形	呈现本品种固有的形状，大小一致	呈现本品种固有的形状，大小基本一致	
色泽	呈现本品种固有的颜色，色彩鲜艳、均匀，光泽度好	呈现本品种固有的颜色，色彩较鲜艳、均匀，光泽度较好	呈现本品种固有的颜色，色彩一般，光泽度一般
气味	辛辣味浓郁	辛辣味较浓郁	辛辣味较淡

表 2　鲜椒理化指标

项目		级别		
		特级	一级	二级
不完善椒含量/%	≤	3	5	7
斯科维尔指数（以干基计）/SHU	≥	65 000	55 000	50 000
抗坏血酸（以鲜基计）/（mg/100g）	≥	200	150	100
可溶性糖（以鲜基计）/（mg/g）	≥	40	35	30
粗纤维（以干基计）/%	≤	20	25	30

4.3 干椒指标要求

干椒感官指标应符合表3的规定，理化指标应符合表4的规定。

表 3　干椒感官指标

项目	级别		
	特级	一级	二级
果形	大小一致	大小基本一致	
色泽	色泽一致，果面光滑，光泽度好	色泽一致，果面较光滑，光泽度较好	色泽一致，果面微皱，光泽度一般
气味	香辣味浓郁	香辣味较浓郁	香辣味较淡

2

表4 干椒理化指标

项目		级别		
		特级	一级	二级
不完善椒总量/%	≤	3	5	7
斯科维尔指数（以干基计）/SHU	≥	65 000	55 000	50 000
脂肪（以干基计）/（g/100g）	≥	13	11	9
粗纤维（以干基计）/%	≤	20	25	30

5 检验方法

5.1 感官指标

在正常光照条件下，鲜椒的感官指标采用眼观及鼻嗅的方式进行检验，气味的检验应将果瓣开进行测定；干椒的感官指标检验按照SN/T 0231的规定执行。

5.2 理化指标

5.2.1 不完善椒含量

取同一批朝天椒（鲜椒或干椒）果实300 g，挑选出不完善椒，并称量（准确至0.001 g），按公式（1）计算不完善椒含量：

$$B = M/N \times 100\% \quad\cdots\cdots\cdots\cdots\cdots\cdots\cdots\cdots\cdots\cdots\cdots\cdots (1)$$

式中：

B——不完善椒含量，%；

M——供试样品中不完善椒质量，单位为克（g）；

N——供试样品质量，单位为克（g）。

5.2.2 斯科维尔指数

按照GB/T 21266的规定执行。

5.2.3 抗坏血酸

按照GB 5009.86的要求执行。

5.2.4 可溶性糖

按照NY/T 1278的规定执行。

5.2.5 水分

按照GB 5009.3的要求执行。

5.2.6 脂肪

按照GB 5009.6的要求执行。

5.2.7 粗纤维

按照GB/T 5009.10的规定执行。

6 检验规则

6.1 组批

6.1.1 鲜椒

同一品种、同一产地、同期采收、同一批次的高辣朝天椒（鲜椒）作为一个检验批次。

6.1.2 干椒

同一品种、同一产地、同期采收、同期干燥、同种干燥方式、同一批次的高辣朝天椒（干椒）作为一个检验批次。

6.2 抽样

6.2.1 鲜椒

按照NY/T 2103的规定执行。

6.2.2 干椒

按照GB/T 12729.2的规定执行。

6.3 检验

6.3.1 检验分类

检验分出场检验和型式检验。

6.3.2 出场检验

出场检验项目为：感官指标、不完善椒。

6.3.3 型式检验

型式检验项目为第4章的全部要求。

6.4 结果判定

高辣朝天椒的质量级别按照第4章的规定进行判定；检验结果有二项或二项以下未达到相应级别要求的，可重新加倍抽样进行复检，复检仍有项目未达到相应级别要求的，进行下一级别认定；检验结果有三项或三项以上未达到相应级别要求的，直接进行下一级别认定；经逐级认定，未达到二级级别要求的，应判定为等外。